Christian Duchow

Videobasierte Wahrnehmung markierter Kreuzungen mit lokalem Markierungstest und Bayes'scher Modellierung

Schriftenreihe
Institut für Mess- und Regelungstechnik,
Karlsruher Institut für Technologie

Band 016

Videobasierte Wahrnehmung markierter Kreuzungen mit lokalem Markierungstest und Bayes'scher Modellierung

von
Christian Duchow

KIT Scientific Publishing

Dissertation, Karlsruher Institut für Technologie
Fakultät für Maschinenbau
Tag der mündlichen Prüfung: 29. April 2010

Impressum

Karlsruher Institut für Technologie (KIT)
KIT Scientific Publishing
Straße am Forum 2
D-76131 Karlsruhe
www.ksp.kit.edu

KIT – Universität des Landes Baden-Württemberg und nationales
Forschungszentrum in der Helmholtz-Gemeinschaft

KIT Scientific Publishing 2011
Print on Demand

ISSN 1613-4214
ISBN 978-3-86644-630-4

Videobasierte Wahrnehmung markierter Kreuzungen mit lokalem Markierungstest und Bayes'scher Modellierung

Zur Erlangung des akademischen Grades

Doktor der Ingenieurwissenschaften

der Fakultät für Maschinenbau
Karlsruher Institut für Technologie (KIT)
genehmigte

Dissertation

von

DIPL.-ING. CHRISTIAN DUCHOW

aus Bensheim

Hauptreferent:	Prof. Dr.-Ing. C. Stiller
Korreferent:	Prof. Dr.-Ing. F. Puente León
Tag der mündlichen Prüfung:	29. April 2010

Vorwort

Die vorliegende Dissertation entstand während meiner Tätigkeit am Institut für Mess- und Regelungstechnik des Karlsruher Instituts für Technologie (KIT) und wurde von Herrn Prof. Dr.-Ing. Christoph Stiller betreut. Für die Unterstützung und die interessanten wissenschaftlichen Diskussionen zur Arbeit danke ich ihm herzlich.

Herrn Prof. Dr.-Ing. Fernando Puente León danke ich für die freundliche Übernahme des Korreferats und sein Interesse an meiner Arbeit.

Bei der Deutschen Forschungsgemeinschaft bedanke ich mich für die Unterstützung im Rahmen des Sonderforschungsbereich/Transregio „Kognitive Automobile". Den Projektpartnern und Kollegen vom Sonderforschungsbereich/Transregio „Kognitive Automobile" danke ich für die interessante und intensive Zusammenarbeit auf wissenschaftlicher, organisatorischer und praktischer Ebene.

Meinen Kollegen am Institut danke ich für die enge Zusammenarbeit, die von vielen interessanten Diskussionen, Hilfsbereitschaft und einer guten Arbeitsatmosphäre geprägt war. Herrn Andreas Geiger danke ich für das Korrekturlesen der Arbeit.

Dem Sekretariat mit Frau Silke Rittershofer, Frau Sieglinde Klimesch und Frau Erna Nagler danke ich für die unkomplizierte Unterstützung bei organisatorischen Themen. Herrn Werner Paal danke ich für die Unterstützung bei rechnertechnischen Fragestellungen. Ich bedanke mich stellvertretend bei Herrn Marcus Hoffner und Herrn Günther Barth für die Zusammenarbeit mit den Werkstätten bei der Umsetzung von elektronischen und mechanischen Themen.

Meinen Eltern Karin und Alfred Duchow danke ich für ihre Unterstützung. Ihnen ist diese Arbeit gewidmet.

Bensheim, im Februar 2011 Christian Duchow

Kurzfassung

Fahrerassistenzsysteme leisten dem Fahrer Hilfestellung bei der Fahrzeugführung. Die Umsetzung von Assistenzfunktionen für anspruchsvollere Situationen erfordert die Entwicklung allgemeinerer, flexiblerer und robusterer Algorithmen für die maschinelle Wahrnehmung. Eine weitgehend unerforschte und anspruchsvolle Wahrnehmungsaufgabe ist durch die Wahrnehmung markierter komplexer Kreuzungen gegeben. Die wesentlichen Herausforderungen bestehen in der Vielfalt der möglichen Erscheinungen von Kreuzungen, der notwendigen Zuordnung von einzelnen Markierungen zu den zu detektierenden Fahrstreifen und fehlende bzw. widersprüchliche Information.

Die meisten der vorhandenen Arbeiten zur videobasierten Wahrnehmung von Fahrstreifen beziehen sich auf Autobahnen und Landstraßen. Daneben gibt es Arbeiten zur Wahrnehmung von nicht markierten Kreuzungen, Arbeiten zur Wahrnehmung markierter Kreuzungen mit harten Entscheidungen, und Arbeiten zur Wahrnehmung von markierten Fahrstreifen mit einer probabilistischen Modellierung.

Im Rahmen der vorliegenden Arbeit werden Fahrstreifen durch eine Verkettung von Segmenten modelliert, so dass vielfältige Formen modellierbar sind. Die verwendete Modellierung ist damit lokal. Ein Beobachtungsmodell verknüpft die Bildsignalinhalte mit den Hypothesen. Eine Bayes'sche zeitliche Verfolgung stellt die Berücksichtigung des zeitlichen Zusammenhangs sicher. Für die Anwendung eines bestehenden Verfahrens zur effizienten Auswertung wird ein neues Abbruchkriterium gefunden. Für die Umsetzung des Beobachtungsmodells wird ein Testverfahren entwickelt, das einen gegebenen Bildbereich auf die Präsenz einer Markierung hin untersucht. Bei der Umsetzung des Testverfahrens gelingt eine integrierte Signalbetrachtung mit akzeptablem Rechenaufwand. Eine experimentelle Validierung des Gesamtsystems, eine Zusammenfassung und ein Ausblick schließen die Arbeit ab.

Schlagworte: markierte Kreuzung – maschinelle Wahrnehmung – Beobachtungsmodell – zeitliche Verfolgung – Kreuzungsmodellierung – lokales Modell

Abstract

Driver assistance systems support the driver in the accomplishment of the driving task. Implementing driver assistance systems for demanding situations requires the development of more general, flexible and robust algorithms for machine perception. The research field of machine perception of marked intersections poses particularly demanding challenges. These are the variety of possible instances of intersections, the task of associating markings to lanes, as well as missing and conflicting information.

Most research in the field of video based perception of lanes focused on highways. Some research efforts addressed perception of non marked intersections, perception of marked intersections with hard decisions, and perception of lanes with a probabilistic model.

This dissertation models lanes as a concatenation of segments in order to be able to model the many possible forms of intersections. An observation model links the image content to the hypotheses. Bayesian tracking expresses the relation between images over time. A new stopping criterion is found in order to apply an existing strategy for efficient processing. An approach to examine a given image region for the presence of markings is developed in order to implement the observation model. This approach considers the image signal in an integrated way in order to find the answer which matches the image best. This perceptive power was succesfully realised with acceptable computational effort. An experimental validation, a summary and an outlook conclude this dissertation.

Keywords: marked intersection – machine perception – observation model – tracking – intersection modelling – local model

Inhaltsverzeichnis

Symbolverzeichnis

Abkürzungen

MRT	Institut für Mess- und Regelungstechnik, Karlsruher Institut für Technologie
FAS	Fahrerassistenzsystem(e)
PReVENT	Industrielles europäisches Großforschungsprojekt, von der EU gefördert
INTERSAFE	Teilprojekt in PReVENT
GPS	Global Positioning System
KMF	Kleinster Median der Fehlerquadrate
KSF	Kleinste Summe der Fehlerquadrate

Notationsvereinbarungen

allgemeine skalare Größen	mit Serifen, nicht fett, kursiv: i,k, t_k, γ^{S}, Γ^{S}
vektorw. stochast. Variablen	ohne Serifen, fett: $\boldsymbol{\mathsf{X}}, \boldsymbol{\mathsf{x}}$
Realis. von vektorw. stochast. V.	mit Serifen, fett: $\mathbf{X}, \mathbf{x}$
Realis. von skal. stochast. V.	mit Serifen, nicht fett, kursiv: γ, Γ
Mengen	$\mathbb{X}, \mathbb{x}$
Konstanten, Bezeichner	konst

Operatoren

$\lvert\mathbb{X}\rvert$	Mächtigkeit oder Kardinalität (in Bezug auf Mengen)
arg	Argument einer Funktion
$\delta(\cdot)$	Distanz zwischen Suchbereichen
$\Delta(\cdot)$	Distanz zwischen Fahrstreifenhypothesen
$E\{\cdot\}$	Erwartungswert
$\rho\{\cdot,\cdot\}$	Korrelationskoeffizient zweier Signale

Symbole

$i, j, \nu, \ldots$	allgemeine Indizes
k	Index der zeitlichen Abtastpunkte
t_k	Abtastpunkt der Zeit
$\mathbb{N}$	Menge der natürlichen Zahlen
$\boldsymbol{\mathsf{X}}_k$	vektorwertige stochastische Variable zum Zeitpunkt t_k zur Beschreibung des Zustands eines verdeckten Markow-Prozesses
$\mathbb{X}$	die endliche Menge der diskreten Werte, die $\boldsymbol{\mathsf{X}}_k$ annehmen kann
$\mathbf{X}^i$	ein Element von $\mathbb{X}$
$\mathbf{X}_k$	die Realisation zu $\boldsymbol{\mathsf{X}}_k$
$\boldsymbol{\mathsf{Y}}_k$	vektorwertige stochastische Variable zum Zeitpunkt t_k zur Beschreibung der Beobachtung eines verdeckten Markow-Prozesses
$\mathbb{Y}$	die endliche Menge der diskreten Werte, die $\boldsymbol{\mathsf{Y}}_k$ annehmen kann
$\mathbf{Y}^i$	ein Element von $\mathbb{Y}$
$\mathbf{Y}_k$	die Realisation zu $\boldsymbol{\mathsf{Y}}_k$
$\mathbb{Y}_k$	die Menge der bis zum Zeitpunkt t_k einschließlich vorliegenden Realisationen $\mathbf{Y}_k$
$P(\cdot)$	Wahrscheinlichkeit
$P(\cdot\|\cdot)$	bedingte Wahrscheinlichkeit
(X_k,Y_k,Z_k)	Weltkoordinatensystem zum Zeitpunkt t_k
(i,j)	Rechnerbildkoordinatensystem
(x,y)	zentriertes Bildkoordinatensystem
h	Einbauhöhe der Kamera im Fahrzeug
$g(x,y)$	ein Grauwertbild
$g(x,y,t_k)$	ein zeitlich veränderliches Grauwertbild, d. h. eine Bildsequenz
$\mathbf{S}_k$	vektorwertige Beschreibung eines Segments zur Modellierung der eigenen Fahrstreifen im Koordinatensystem (X_k,Y_k,Z_k), detaillierte Definition auf S. 22
${}^i\mathbf{M}^{\mathbf{S}_k}$	vektorwertige Beschreibung des i-ten Suchbereiches von $\mathbf{S}_k$
$\alpha^{\mathbf{S}_k}$	Orientierung von $\mathbf{S}_k$
$B^{\mathbf{S}_k}$	Fahrstreifenbreite (nicht Segmentbreite) entsprechend $\mathbf{S}_k$
$L^{\mathbf{S}_k}$	Segmentlänge von $\mathbf{S}_k$
$B^{\,{}^i\mathbf{M}^{\mathbf{S}_k}}$	Breite des Suchbereiches ${}^i\mathbf{M}^{\mathbf{S}_k}$

FFN	textuelle Beschreibung der Konfiguration eines Segmentes mit 2 Fahrstreifen
Δ_{lat}	möglicherweise auftretender absoluter lateraler Versatz zwischen aufeinanderfolgenden Segmenten einer Fahrstreifenhypothese
Δ_α	möglicherweise auftretende Betragsänderung der Orientierung α zwischen aufeinanderfolgenden Segmenten einer Fahrstreifenhypothese
$\mathbf{X}_k$	vektorwertige Beschreibung einer Hypothese zur Beschreibung der eigenen Fahrstreifen, genaue Definition auf S. 22
$\boldsymbol{X}_k$	vektorwertige stochastische Variable zum Zeitpunkt t_k zur Beschreibung der eigenen Fahrstreifen
$\mathbf{X}_k^i$	die i-te Fahrstreifenhypothese d. h. einer der Werte, die $\boldsymbol{X}_k$ annehmen kann
$\mathbb{X}_k$	die Menge aller $\mathbf{X}_k^i$
$F^{\mathbf{X}_k^i}$	die durch $\mathbf{X}_k^i$ modellierte Fahrstreifenanzahl
${}^j\mathbf{S}_k^i$	Bezeichnung des j-ten Segments von $\mathbf{X}_k^i$
$\mathbb{S}_k^i$	Menge der Segmente, die zu $\mathbf{X}_k^i$ gehören
$\mathbb{S}_k$	Vereinigungsmenge aus allen $\mathbb{S}_k^i$
ξ	Krümmungsradius einer Kette aus identisch knickenden Segmenten
$\mathbb{E}$	diese Menge enthält das jeweils erste Segment aller Hypothesen mit der Konfiguration FFF
$A^{\mathbf{E}}$	die Ablage eines Segments $\mathbf{E} \in \mathbb{E}$
$B^{\mathbf{E}}$	die Fahrstreifenbreite eines Segments $\mathbf{E} \in \mathbb{E}$
${}^i a$	Abstand zwischen Suchbereichsmittelgerade und realer Markierung
A^{Real}	in der Realität vorliegende Ablage zwischen Fzg. und Fahrstreifen
B^{Real}	in der Realität vorliegende Fahrstreifenbreite
Δ_{A}	Abtastweite der Ablage
Δ_{B}	Abtastweite der Fahrstreifenbreite des ersten Segments
Γ	Realisation der Abweichung zwischen Segmentorientierung α und realer Markierungsorientierung
$\boldsymbol{\Gamma}$	stochastische Variable zu Γ

Γ^S	für den Fall, dass ein dem Segment entsprechender Fahrstreifen vorliegt, wird eine Beobachtung Γ erwartet, die kleiner ist als diese Schranke
${}^{\nu}\boldsymbol{T}^{\,j\mathbf{S}_k^i}$	stochastische Variable zur Beschreibung der vom ν-ten Suchbereich eines Segments ${}^{j}\mathbf{S}_k^i$ erzeugten Beobachtung
${}^{\nu}\mathbf{T}^{\,j\mathbf{S}_k^i}$	Realisation zu ${}^{\nu}\boldsymbol{T}^{\,j\mathbf{S}_k^i}$
$\boldsymbol{T}^{\,j\mathbf{S}_k^i}$	stochastische Variable zur Beschreibung der einem Segment ${}^{j}\mathbf{S}_k^i$ zugeordneten Beobachtung
$\mathbf{T}^{\,j\mathbf{S}_k^i}$	Realisation von $\boldsymbol{T}^{\,j\mathbf{S}_k^i}$, entsteht durch Auswahl eines ${}^{\nu}\mathbf{T}^{\,j\mathbf{S}_k^i}$
$p_0(\mathbf{T})$	Wahrscheinlichkeitsdichte der Beobachtung $\mathbf{T}$ für den Fall, dass kein Fahrstreifen vorhanden ist
$p_1(\mathbf{T})$	Wahrscheinlichkeitsdichte der Beobachtung $\mathbf{T}$ für den Fall, dass ein Fahrstreifen vorhanden ist
$\mathbf{Y}_k$	vektorwertige Realisation der Beobachtungen bezüglich der eigenen Fahrstreifen aus einem einzelnen Bild, detaillierte Definition auf S. 34
$\boldsymbol{Y}_k$	stochastische Variable zu $\mathbf{Y}_k$
N^{Segmente}	Anzahl der Segmente pro Hypothese
$\mathbf{s}_k$	vektorwertige Beschreibung eines Segments einer Hypothese zur Modellierung der kreuzenden Fahrstreifen im Koordinatensystem (X_k,Y_k,Z_k)
$l^{\mathbf{s}_k}$	Segmentlänge von Segment $\mathbf{s}_k$
$b^{\mathbf{s}_k}$	Segmentbreite
$\mathbf{m}^{\mathbf{s}_k}$	vektorwertige Bezeichnung des Suchbereiches von $\mathbf{s}_k$
β	Orientierung eines Segments der kreuzenden Fahrstreifen
$\boldsymbol{t}^{\mathbf{s}}$	die stochastische Variable zur Modellierung der Beobachtung, die dem Segment $\mathbf{s}$ zugeordnet ist
$\mathbf{t}^{\mathbf{s}}$	eine Realisation von $\boldsymbol{t}^{\mathbf{s}}$
$\boldsymbol{y}_k$	vektorwertige stochastische Variable zur Beschreibung der Beobachtungen bezüglich der kreuzenden Fahrstreifen aus einem einzelnen Bild
$\mathbf{y}_k$	Realisation zu $\boldsymbol{y}_k$
Δ_β	Abtastweite der Orientierung β
γ	Realisation der Abweichung zwischen Segmentorientierung β und realer Markierungsorientierung

γ^S	für den Fall, dass ein dem Segment entsprechender kreuzender Fahrstreifen vorliegt, wird eine Beobachtung γ erwartet, die kleiner ist als diese **S**chranke
$\Delta(\mathbf{X}_{k-1}^i, \mathbf{X}_k^j)$	Distanzmaß zwischen zwei Hypothesen $\mathbf{X}_{k-1}^i$ und $\mathbf{X}_k^j$
$\delta((\mathbf{M}^1, \mathbf{M}^2))$	Distanz zwischen zwei Suchbereichen im Zusammenhang der eigenen Fahrstreifen
δ_F	Unterschied in der Fahrstreifenanzahl
$\mathbb{P}$	die für einen Vergleich zwischen zwei Hypothesen $\mathbf{X}_{k-1}^i$ und $\mathbf{X}_k^j$ zu untersuchenden Suchbereichspaare
σ	die üblicherweise zu erwartende Distanz $\Delta((\mathbf{X}_k,\mathbf{X}_{k-1}))$ zwischen aufeinanderfolgenden Zuständen $\mathbf{X}_k$ und $\mathbf{X}_{k-1}$
$\mathbb{J} = \{j_1, \ldots, j_n\}$	die Menge der Indizes d. h. Blattnummern der n wahrscheinlichsten Hypothesen
$\mathbb{B}$	die Menge der restlichen Blattnummern
$\delta((\mathbf{m}^1, \mathbf{m}^2))$	Distanz zwischen zwei Segmenten bzw. Suchbereichen der kreuzenden Fahrstreifen
$\Delta(\mathbf{x}_{k-1}^i, \mathbf{x}_k^j)$	Distanz zwischen zwei Hypothesen $\mathbf{x}_{k-1}^i$ und $\mathbf{x}_k^j$
τ	Zählindex des Verarbeitungsschrittes des effizienten Verfahrens
${}_\tau\mathbf{S}$	das im τ-ten Schritt untersuchte Segment
${}_\tau\mathbb{S}_k$	die Menge der bereits untersuchten Segmente nach vollendetem Schritt τ
${}_\tau\mathbf{T}$	durch die Untersuchung von ${}_\tau\mathbf{S}$ gewonnene Beobachtung
${}_\tau\mathbb{T}$	die Menge der aus der Untersuchung von ${}_\tau\mathbb{S}_k$ gewonnenen Beobachtungen
${}_\tau\mathbb{t}$	die Menge der aus der Untersuchung von ${}_\tau\mathbb{s}_k$ gewonnenen Beobachtungen bei der Anwendung des effizienten Verfahrens auf die kreuzenden Fahrstreifen
${}_i\mathbf{X}_k^j$	die Teilhypothese, die aus den ersten $i \in \{1,2,3,4\}$ Segmenten von $\mathbf{X}_k^j$ zusammengesetzt ist
${}_\tau\mathbb{X}_k$	die aus ${}_\tau\mathbb{S}_k$ zusammengesetzten Teilhypothesen
${}_\tau\mathbb{K}_k$	die Segmente, die mögliche Fortsetzungen der bisher getesteten Teilhypothesen ${}_\tau\mathbb{X}_k$ darstellen, und damit **K**andidaten für den nächsten Test sind
m	eine beliebige Mitteilung, z. B. „Die Erde ist keine Scheibe!“
m^i	die Mitteilung, dass die konkrete Hypothese $\mathbf{X}_k^i$ dem Zustand $\mathbf{X}_k$ entspricht

$I(m^i)$	der Informationsgehalt der Mitteilung m^i
$H(P(\mathbf{X}_k^i))$	die Entropie der Wahrscheinlichkeiten $P(\mathbf{X}_k^i)$
$H_\mathrm{n}(P(\mathbf{X}_k^i))$	die normierte Entropie
λ	entspricht dem λ aus [Geman u. Jedynak 1996]
$v({}_\tau\mathbf{T})$	das Verhältnis $\frac{p_1({}_\tau\mathbf{T})}{p_0({}_\tau\mathbf{T})}$
$v^{\max}$	der maximal mögliche Wert für $\frac{p_1({}_\tau\mathbf{T})}{p_0({}_\tau\mathbf{T})}$
$K^{{}_i\mathbf{X}_k^\zeta}$	Anzahl der von der Teilhypothese ${}_i\mathbf{X}_k^\zeta$ abstammenden Blätter
κ	Anzahl der verbleibenden Segmenttests auf einer Hypothese
$\Gamma = \lvert\alpha^{\mathbf{S}_k} - \psi_k\rvert$	Abweichung der Orientierung ψ_k einer Markierung gegenüber der Segmentorientierung $\alpha^{\mathbf{S}_k}$
$r \in [0,1]$	Markierungslänge bezogen auf die Suchbereichslänge
$\mathbf{T}^{\mathbf{S_k}} = [\Gamma, r]^T$	konkrete von einem Segment $\mathbf{S_k}$ erzeugte Beobachtung
$\rho_h(x,y)$	Bild des horizontalen Korrelationskoeffizienten
$\rho_v(x,y)$	Bild des vertikalen Korrelationskoeffizienten
ρ_v^{ideal}	dieser vertikale Korrelationskoeffizient würde sich für ein Bild ergeben, das eine dem Suchbereich entsprechende Markierung enthält
$\rho(x,y)$	Bild eines Korrelationskoeffizienten ohne Angabe der Korrelationsrichtung
$\rho^{\min}$	Schranke des Korrelationskoeffizienten
$\mathbb{M}$	Menge der Markierungskandidaten in einem Suchbereich im Bild
$N^{\mathrm{Beob}} = \lvert\mathbb{M}\rvert$	Anzahl der Markierungskandidaten
$\mathbb{W}$	die den $\mathbb{M}$ entsprechenden Positionen in der Fahrbahnebene
$\mathbf{\Theta}_k = [\psi_k, d_k]^T$	parametrische Beschreibung einer Geraden im Koordinatensystem (Y_k,Z_k)
ψ_k	der Winkel zwischen Geradennormalenvektor und Y_k-Achse
d_k	der Abstand zum Ursprung
$\epsilon^i(\mathbf{\Theta})$	Residuum der Position $(Y_k^i,\ Z_k^i)$ bezüglich der durch $\mathbf{\Theta}$ beschriebenen Gerade
ϵ^{S}	Schranke der Residuen
$N^{\mathrm{Ziehungen}}$	Anzahl durchgeführter Ziehungen im Zusammenhang des KMF-Schätzers
N^{Inlier}	Anzahl der Markierungskandidaten, die bezüglich der gefundenen Gerade $\mathbf{\Theta}_k$ als gültige Beobachtungen betrachtet werden

N^{Abtast}	Anzahl der Abtaststreifen eines Suchbereiches
L^{Mark}	Länge der Markierung im Suchbereich
L^{Proj}	L^{Mark} projeziert auf die Längsrichtung des Suchbereichs
$N^{\max}$	aus der Betrachtung einer konkreten Gerade $\mathbf{\Theta}_k$ im Zusammenhang des Suchbereiches ergibt sich dieser maximal mögliche Wert für N^{Inlier}
b	halbe Breite des stetigen Übergangs in der bedingten Wahrscheinlichkeitsdichte $p_1(\mathbf{T})$
r^{W}, Γ^{W}	Position des Übergangs in $p_1(\mathbf{T})$
r^{E}, r^{A}, Γ^{E}, Γ^{A}	Hilfsgrößen
D	Hilfsgröße

1 Einleitung

1.1 Fahrerassistenzsysteme und maschinelle Wahrnehmung

Fahrerassistenzsysteme sind technische Systeme, die den menschlichen Fahrer beim Führen eines Fahrzeugs unterstützen. Die ersten Fahrerassistenzsysteme beruhten auf der Schätzung einzelner Umgebungsparameter wie den Abstand zum vorausfahrenden Fahrzeug im beispielhaften Falle des adaptiven Tempomats. Diese Funktionalität stand nur in bestimmten Fahrsituationen zur Verfügung, nämlich in der einfachsten Fahrsituation einer Autobahnfahrt mit normaler Fahrgeschwindigkeit. Fortgeschrittene Fahrerassistenzsysteme zeichnen sich dadurch aus, dass nicht nur einzelne Umgebungsparameter erfasst werden, sondern dass mehrere Parameter der Umgebung gemeinsam gemessen und interpretiert werden. Für die Zukunft ist eine weitere Zunahme der Komplexität der erfassten Information zu erwarten. Je höher die Komplexität der maschinell erfassten und interpretierten Information ist, desto zutreffender ist das daraus abgeleitete maschinelle Verständnis der vorliegenden Situation. Mit einem hohen Maß an maschinellem Verständnis der aktuellen Verkehrssituation werden Fahrerassistenzfunktionen mit einer hohen allgemeingültigen Anwendbarkeit und Zuverlässigkeit realisierbar. Dabei geht es nicht darum, dem menschlichen Fahrer die Souveränität über das Fahrzeug abzusprechen und das Fahrzeug autonom fahren zu lassen. Das Ziel ist viel mehr die Realisation eines virtuellen, aufmerksamen Beifahrers, der sowohl in alltäglichen als auch in besonders schwierigen Situationen den Überblick über das Geschehen behält, Gefahren rechtzeitig erkennt, davor warnt und möglicherweise auch eingreift. Dieser virtuelle Beifahrer würde selber weder ermüden noch abgelenkt sein. Je näher die Entwicklung von Fahrerassistenzsystemen diesem Ziel kommt, desto weniger Unfälle, Verkehrstote und Verletzte wird es geben. Als Folge wird die Zahl der Staus, der Energieverbrauch und der volkswirtschaftliche Schaden durch Unfälle reduziert.

Derartig leistungsfähige Fahrerassistenzsysteme erfordern eine umfassende maschinelle Wahrnehmung der Fahrzeugumgebung inklusive aller Fahrspuren, Kreuzungen, Verkehrsteilnehmer, Hindernisse und Verkehrszeichen. Selbst das Verhalten und die Intention anderer Verkehrsteilnehmer muss maschinell wahrgenommen werden. Letztendlich bedeutet das eine Verbesserung der Leistungsfähigkeit von maschineller Wahrnehmung um Größenordnungen und eine Annäherung an die Leistungsfähigkeit der menschlichen Wahrnehmung.

Maschinelle Wahrnehmung bedeutet in einem ersten Schritt eine Erzeugung von Rohdaten anhand eines Sensors. Die Gestaltung des gesamten Straßenverkehrs ist auf die helligkeitsbasierte Erfassung mit dem menschlichen Auge ausgerichtet und daher ist es sinnvoll, einen passiven helligkeitsbasierten Sensor, d. h. eine digitale Videokamera, für eine maschinelle Wahrnehmung einzusetzen.

Maschinelle Wahrnehmung bedeutet in einem zweiten Schritt eine Interpretation der rohen Sensorsignale. Die in den Signalen enthaltene wesentliche Information soll dabei maschinell erfasst werden. Dazu werden Algorithmen entworfen und auf Rechnern ausgeführt. Rechner können nur Zahlen verarbeiten und sind in diesem Sinne primitiv. Zur Verdeutlichung der Aufgabe der Interpretation der Sensorsignale zeigt Bild 1.1 einen Bildausschnitt $g(x,y)$ von einigen Pixeln. Die Helligkeitswerte sind als Zahlen dargestellt entsprechend der Repräsentation im Rechner. Anhand dieses Beispiels lässt sich bereits etwas erkennen, auf das in Kapitel 3 eingegangen wird: Die Helligkeitswerte an den Pixeln bilden die zur Verfügung stehende Information. Die eigentlich relevante Information, nämlich die Interpretation des Bildinhalts, ist dagegen nicht direkt zugänglich, d. h. sie ist „verdeckt“.

Bei der Entwicklung eines Algorithmus, der eine Wahrnehmungsaufgabe lösen soll, geht es darum, Annahmen bezüglich des wahrzunehmenden Objekts zu treffen und diese mathematisch zu formulieren. Aus der mathematischen Formulierung werden Gleichungen abgeleitet, welche dann im Rechner implementiert werden. Annahmen sind folglich nötig, um überhaupt eine Implementierung vornehmen zu können. Auf der anderen Seite führen die Annahmen zu einer Fehlfunktion des Algorithmus, sobald sie verletzt sind. Bezüglich der Annahmen und mathematischen Formulierung wird von Modellen gesprochen. Letztendlich wird jeder Aspekt des wahrzunehmenden Objekts modelliert, so dass das Signalmodell, das Formmodell und das probabilistische Modell zu einer Gesamtbeschreibung kombiniert werden. Die Wahl des Modells legt fest, wie Objekte und Zusammenhänge im Rechner repräsentiert werden.

Im Kern besteht die Herausforderung bei der Entwicklung eines Algorithmus zur maschinellen Wahrnehmung darin, aussagekräftige und flexible Modelle zu entwickeln, die darüberhinaus noch die komplexen Zusammenhänge der Realität ausdrücken. Aussagekraft bedeutet, dass die wesentliche Information erfasst wird und Flexibilität bedeutet, dass die getroffenen Annahmen die Praxistauglichkeit nicht zu sehr einschränken. Mit der realistischen Abbildung komplexer Zusammenhänge ist die Integration von Vorwissen und Kontextbezug in die entwickelten Algorithmen gemeint.

139	138	138	139	139	140	139	139	141	141	140	141	138	141	141	140	140	139	139	142
139	138	138	138	138	138	140	127	130	141	141	141	100	140	142	141	140	140	140	141
139	139	139	138	138	138	140	133	88	141	142	136	82	140	142	141	140	140	141	142
138	139	139	139	140	139	140	142	81	115	144	114	86	141	142	140	140	139	139	141
138	138	138	138	139	140	140	142	101	82	138	93	90	141	142	141	139	139	139	140
138	139	138	138	139	140	141	143	122	80	98	82	97	142	142	141	139	138	138	139
139	140	139	139	140	140	141	142	141	85	81	82	103	143	143	141	140	138	138	139
139	140	139	140	140	140	141	142	143	109	83	83	106	143	143	142	140	139	139	139
139	139	140	140	140	140	141	142	143	133	83	80	107	143	143	142	141	139	139	139
139	139	140	140	141	141	141	143	144	126	74	86	90	140	144	143	142	140	140	139
140	140	141	141	141	142	142	143	145	105	90	75	87	117	144	144	142	141	140	140
140	141	141	142	143	143	144	143	99	77	93	134	81	53	104	144	143	142	141	140
140	142	143	144	145	145	146	73	17	18	128	148	83	17	22	107	143	142	141	140
142	143	144	146	147	148	82	18	12	45	143	149	117	17	14	26	87	142	142	141
143	144	145	143	112	58	18	14	13	95	145	148	144	30	8	20	14	74	140	141
144	141	82	25	19	20	15	11	32	130	144	146	146	65	59	128	96	26	109	139
142	45	28	71	97	103	30	10	73	139	143	144	143	101	52	137	139	92	51	137
104	27	106	141	147	148	39	11	87	138	141	142	142	128	30	131	139	135	35	126
96	36	132	144	149	104	13	10	84	138	141	141	142	141	45	101	139	141	66	101
132	27	60	92	65	14	14	51	123	138	139	140	140	141	80	65	138	141	82	86
142	110	45	28	23	41	85	127	136	138	139	139	140	141	110	30	126	137	52	87
141	140	133	120	119	129	134	136	137	138	138	138	139	140	133	26	21	21	15	102
142	142	142	141	139	139	138	138	138	138	138	138	138	139	139	89	25	19	60	130
142	142	143	143	141	140	139	139	138	138	137	137	138	139	140	138	130	125	134	137

Bild 1.1: Beispielhaft gezeigter Bildausschnitt $g(x,y)$ als Illustration zur maschinellen Wahrnehmung.

Bis zu einem gewissen Grad erfüllen die aktuell diskutierten Lösungsansätze diese Forderungen, andererseits geht auch bei der Verwendung der neuesten Ansätze durch die Modellbildung viel Vorwissen, Kontextbezug, Aussagekraft und Allgemeingültigkeit verloren. Daraus folgt, dass die maschinelle Wahrnehmung komplexer Szenarien der menschlichen Wahrnehmung in der näheren Zukunft noch unterlegen sein wird.

1.2 Einordnung und Struktur der Arbeit

Eine Teilaufgabe der maschinellen Wahrnehmung für ein Fahrerassistenzsystem ist die Wahrnehmung des befahrbaren Geländes im weitesten Sinne, d.h. die Wahrnehmung der Umgebung ohne statische und dynamische Hindernisse. Befahrbares Gelände lässt sich im Zusammenhang des alltäglichen Straßenverkehrs grob in vier Klassen teilen, wobei Spezialfälle wie z.B. markierte Parkplätze nicht betrachtet werden:

- markierte Landstraßen und Autobahnen

- nicht markierte Straßen und Kreuzungen
- markierte innerstädtische Straßen
- markierte innerstädtische Kreuzungen

Die Wahrnehmung markierter Landstraßen und Autobahnen ist das am umfangreichsten bearbeitete Aufgabengebiet aus diesen vier. Abschnitt 2.1 geht kurz auf den Stand der Forschung zur Wahrnehmung markierter Landstraßen und Autobahnen ein.

Nicht markierte Straßen und nicht markierte Kreuzungen können als ähnliche Aufgaben betrachtet werden und sind deshalb in einer gemeinsamen Klasse aufgeführt. Tatsächlich beschäftigen sich einige der Arbeiten zu diesem Themengebiet mit der Wahrnehmung sowohl der Kreuzungen als auch der Straßen. Beispielhaft seien die Arbeiten [Heimes 2000; Zhang 1994; Gregor u. a. 2002] genannt. Zur Wahrnehmung nicht markierter Straßen und Kreuzungen sind im wesentlichen zwei verschiedene Strategien erkennbar. Die erste Strategie [Zhang 1994] entwickelt ein Videomerkmal und fordert, dass dieses Videomerkmal für Pixel des Straßenbelags andere Werte annimmt als für Pixel, welche nicht auf der Straße liegen. Ein Ballungsverfahren gruppiert die Pixel in Klassen. Die resultierenden Bildsegmente werden mit der erwarteten Straßen- bzw. Kreuzungsgeometrie in der Bildebene verglichen. Als Ergebnis dieses Vergleichs wird entschieden, welche Klassen zur Straße gehören. Eine zeitliche Verfolgung der Ergebnisse ist in das Verfahren integriert. Die zweite Strategie zur Wahrnehmung nicht markierter Straßen und Kreuzungen modelliert keine bereichsspezifischen Eigenschaften sondern erwartet Grauwertänderungen an den Rändern des Straßenbelags [Heimes 2000; Gregor u. a. 2002]. Diese Grauwertänderungen werden erfasst und interpretiert, indem sie mit der erwarteten Straßen- bzw. Kreuzungsgeometrie verglichen werden. Auch diese Verfahren leisten eine zeitliche Verfolgung ihrer Schätzgrößen.

Die Wahrnehmung markierter innerstädtischer Fahrstreifen ist in [Cech 2009] bearbeitet worden. Tatsächlich kann das Verfahren auch mit nicht markierten Bereichen umgehen, solange andere Hinweise auf den Straßenverlauf vorhanden sind wie z. B. Bordsteine u. ä. . Aus dem Bild werden Kantensegmente extrahiert und über probabilistisch formulierte Erwartungen an sinnvolle Fahrstreifenverläufe zu einem Gesamtverlauf kombiniert. Die Arbeit beinhaltet eine zeitliche Verfolgung des Schätzergebnisses.

Die Klasse der markierten Kreuzungen hat bis jetzt relativ wenig Aufmerksamkeit erfahren und wurde nur in wenigen Arbeiten behandelt, so z. B. in [Enkelmann u. a. 1995]. Im Abschnitt 2.2 der vorliegenden Arbeit wird in größerem Detail auf die vorhandenen Lösungen eingegangen. Trotz der vorhandenen Arbeiten [Enkelmann

u. a. 1995] gibt es keine zuverlässig funktionierende, breit eingesetzte Lösung zur Wahrnehmung markierter Kreuzungen.

Zu einer Wahrnehmung einer markierten Kreuzung in ihrer Gesamtheit gehört die Wahrnehmung der einzelnen Fahrstreifen. Bild 1.2 zeigt beispielhaft ein aus einem fahrenden Fahrzeug aufgenommenes Videobild einer Kreuzung. Bild 1.3 veranschaulicht ein entsprechendes ideales Ergebnis einer maschinellen Wahrnehmung. Die verschiedenen Fahrstreifen sind als transparente graue Flächen gekennzeichnet. Überlappungsbereiche lassen sich an einer dunkleren Färbung erkennen. In diesem Beispiel ist das ideale Ergebnis einer maschinellen Wahrnehmung durch die Gesamtheit aus den zwei abbiegenden Fahrstreifen, der kreuzenden Fußgängerfurt, dem kreuzenden Fahrstreifen für Fahrradfahrer und einem kreuzenden Fahrzeugfahrstreifen gegeben.

Bild 1.2: Bild einer Kreuzung.

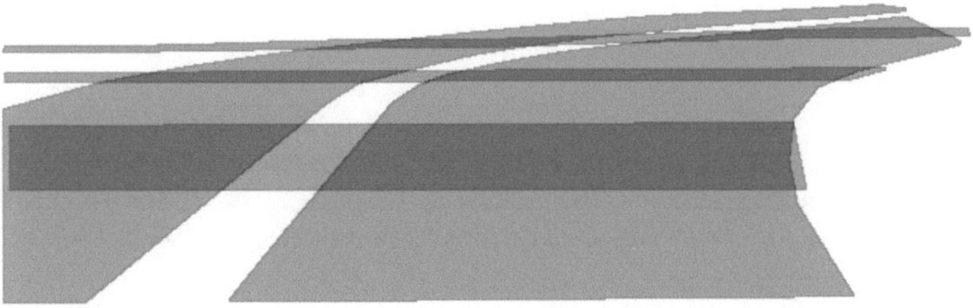

Bild 1.3: Ideales Ergebnis einer maschinellen Wahrnehmung für Bild 1.2.

Dabei ist diese konkret vorliegende Ausprägung einer Kreuzung nur ein Beispiel aus vielen möglichen Ausprägungen. Einzelne Elemente dieser beispielhaft ausgewählten Kreuzung sind auf anderen Kreuzungen nicht vorhanden, oder in anderer Anzahl, Geometrie oder Anordnung vorhanden.

Die verschiedenen Fahrstreifen und die Fußgängerfurt kreuzen sich. Diese Feststellung mag etwas trivial erscheinen. Tatsächlich ergibt sich daraus die besondere Herausforderung, die einzelnen Fahrstreifenmarkierungen mehrerer sich kreuzender Fahrstreifen den richtigen Fahrstreifenhypothesen zuzuordnen, welche selber unbekannt sind. Diese Aufgabenstellung soll für den Rest der Arbeit als das Assoziationsproblem der videobasierten maschinellen Kreuzungswahrnehmung bezeichnet werden. Zusätzlich ist in Bild 1.2 zu erkennen, dass vorhandene Fahrstreifen nicht notwendigerweise vollständig markiert sind. So sind die beiden abbiegenden Fahrstreifen im Bereich der kreuzenden Fußgängerfurt nicht markiert. Die Markierungen der kreuzenden Fußgängerfurt können bezüglich der Abbiegerfahrstreifen als widersprüchliche Information betrachtet werden. Anhand dieser Überlegungen lassen sich die folgenden wesentlichen Herausforderungen bei der Kreuzungswahrnehmung identifizieren:

- die Vielfalt der möglichen Ausprägungen
- das Assoziationsproblem
- fehlende bzw. widersprüchliche Information

Diese Herausforderungen müssen bei der Entwicklung eines Algorithmus zur Wahrnehmung einer Kreuzung berücksichtigt werden. Die Komplexität dieser Wahrnehmungsaufgabe ist die Gesamtheit dieser drei Herausforderungen.

Im Kreuzungsbereich müssen die Trajektorien verschiedener Arten von Verkehrsteilnehmern wie Kraftfahrzeugführer, Fußgänger und Fahrradfahrer abgestimmt sein. Unerfahrene menschliche Fahrer haben bei großen Kreuzungen Schwierigkeiten, die Struktur der Kreuzung zu erfassen. Aus diesen Tatsachen resultiert ein besonders hohes Nutzenpotential für die Applikation von Fahrerassistenzsystemen im Kreuzungsbereich. Als konkretes Anwendungsbeispiel sei der Fall genannt, dass ein Fahrerassistenzsystem den Fahrer beim Abbiegen auf dem linken der beiden Rechtsabbiegerfahrstreifen aus Bild 1.2 unterstützt. Das Fahrerassistenzsystem würde dabei überwachen, dass der Fahrer dem korrekten Fahrstreifenverlauf folgt und nicht während des Abbiegens unbeabsichtigterweise einen Fahrstreifenwechsel vollzieht.

Die Bedeutung von Kreuzungen als Anwendungsfall für Fahrerassistenzsysteme wurde auch von der Industrie erkannt und z. B. im Projekt PReVENT aufgegriffen. Im Rahmen des Teilprojekts INTERSAFE wurden Fahrerassistenzfunktionen auf Kreuzungen untersucht [Fuerstenberg 2005]. Die Zielsetzung bezüglich der entwickelten Algorithmen der Bildverarbeitung war jedoch deutlich verschieden von der vorliegenden Arbeit. Die Kamera wurde im wesentlichen für eine Lokalisierung auf einer hochgenauen, detaillierten Karte der Umgebung verwendet [Fuerstenberg 2005] ähnlich der in [Heimes 2000] vorgestellten Arbeit.

Digitale Karten sind nicht immer aktuell und verfügbar. Die Speicherung einer hochgenauen, detaillierten Karte für jede Kreuzung im Gebiet der Bundesrepublik Deutschland würde die Kapazitäten der mittelfristig verfügbaren Speichermedien bei weitem übersteigen. Daher soll das im Rahmen der vorliegenden Arbeit zu entwickelnde Verfahren nicht auf die Verwendung der Informationen einer digitalen Karte angewiesen sein. Eine grundsätzliche Realisierbarkeit der Integration von Karteninformation wäre vorteilhaft.

Kapitel 2 geht auf den Stand der Forschung zur videobasierten Wahrnehmung markierter Kreuzungen ein. In diesem Zusammenhang werden unter anderem zwei Verfahren zur videobasierten Wahrnehmung markierter Fahrstreifen detailliert besprochen. Die Inhalte der Kapitel 3 und 4 bilden den Beitrag dieser Arbeit zur videobasierten maschinellen Wahrnehmung markierter Kreuzungen. In Kapitel 3 wird eine gleichzeitige Repräsentation mehrerer Fahrstreifen im Kreuzungsbereich entwickelt. Es wird eine geeignete Strategie zur Auswertung von Videobildern bezüglich der gefundenen Repräsentation vorgestellt. Kapitel 4 stellt ein Verfahren vor, um einzelne Bildbereiche auf die Präsenz einfacher Markierungen zu überprüfen. Zwischen den Inhalten von Kapitel 3 und Kapitel 4 besteht eine konzeptuelle Schnittstelle, so dass die Trennung in zwei Kapitel natürlich ist. Theoretische Grundlagen sind abschnittsweise in die Kapitel 3 und 4 integriert, so dass einerseits eine Gliederung in Grundlagen und konkrete Anwendung vorhanden ist, während andererseits der Bezug zwischen diesen nicht verloren geht. Kapitel 5 stellt eine qualitative Evaluation der entwickelten Lösung vor. Kapitel 6 schließt die Arbeit mit einer Zusammenfassung und einem Ausblick ab.

2 Stand der Forschung zur videobasierten Erkennung markierter Fahrstreifen und Kreuzungen

Die Verfahren zur videobasierten Erkennung markierter Fahrstreifen und Kreuzungen lassen sich grob in drei Klassen einteilen:

- Wahrnehmung markierter Landstraßen und Autobahnen mit einer Modellierung des Verlaufs als Splines konstanter niedriger Ordnung oder Polynomen niedriger Ordnung als Bildmodell oder Weltmodell
- Wahrnehmung der Fahrstreifen markierter Kreuzungen mit harten Entscheidungen
- Wahrnehmung markierter Fahrstreifen mit einem probabilistischen Modell für den Verlauf und die Beobachtungen

Die folgenden Abschnitte 2.1 bis 2.3 behandeln je eine dieser Klassen.

2.1 Wahrnehmung markierter Landstraßen und Autobahnen

Eine der ersten Veröffentlichungen zu einer Wahrnehmung markierter Fahrstreifen ist [Dickmanns u. Mysliwetz 1992]. Der in [Dickmanns u. Mysliwetz 1992] vorgestellte Ansatz ist seitdem der Standardansatz der Fahrstreifenwahrnehmung und wird in vielen Arbeiten aufgegriffen und weiterentwickelt (für eine beispielhafte aktuelle kleine Auswahl siehe [Nedevschi u. a. 2004; Labayrade u. a. 2006; McCall u. a. 2007; Neumaier u. Färber 2007]). Im folgenden wird der in [Dickmanns u. Mysliwetz 1992] vorgestellte Ansatz stellvertretend für alle davon abgeleiteten Arbeiten besprochen. Im Autobahnbau verwendete Straßenverläufe sind laut [Dickmanns u. Mysliwetz 1992; Cech 2009] Geradenstücke, Kreisbögen und

Übergangsabschnitte. Die Übergangsabschnitte besitzen einen linear veränderlichen Krümmungsverlauf. Damit entsprechen die Übergangsabschnitte einem kurzen Stück einer spiralförmigen Kurve mit kleinen Krümmungen. Kurven mit linear veränderlichem Krümmungsverlauf werden in der Fachsprache Klothoiden genannt. Die Verwendung von Klothoiden im Straßenbau ist aus fahrdynamischen Gründen sinnvoll. In [Dickmanns u. Mysliwetz 1992] werden der horizontale und der vertikale Verlauf eines Fahrstreifens jeweils durch ein Polygon dritten Grades als Näherung an eine Klothoide beschrieben. Das Modell wird ergänzt durch die Ablage und den Gierwinkel des Fahrzeugs zum Fahrstreifen. Es wird gefordert, dass der Fahrstreifen eine konstante Breite besitzt und durch zwei parallele Markierungen gekennzeichnet ist.

Die perspektivische Abbildung der Welt auf den Bildsensor wird ebenfalls modelliert. Schließlich wird die Dynamik des kameratragenden Fahrzeugs modelliert, so dass sich aus der Verknüpfung dieser Modelle ein sinnvolles Gesamtkonzept ergibt. Die Geometrieparameter des Fahrstreifens und der Egopose auf dem Fahrstreifen bilden gemeinsam eine minimaldimensionale, vollständige Beschreibung des Systems, welche als Zustand eines dynamischen Systems aufgefasst wird. Der Zustand wird mit einem Kalman-Filter zeitlich verfolgt. Die Beobachtungen für das Kalman-Filter werden in Suchbereichen im Bild erzeugt, die sich aus der Prädiktion vom letzten Zeitschritt ergeben. Dadurch wird erstens Rechenzeit gespart, weil nicht das gesamte Bild verarbeitet werden muss. Zweitens ist dadurch von vornherein gewährleistet, dass die erzeugten Beobachtungen weitgehend korrekt sind und möglichst keine Ausreißer enthalten. Das Kalman-Filter ist kein robustes Verfahren und nicht in der Lage, Beobachtungen mit Ausreißern sinnvoll zu verarbeiten. Das Kalman-Filter minimiert die Summe der gewichteten quadrierten Fehler, d. h. die Summe der gewichteten quadrierten Fehler ist das bei diesem Verfahren optimierte Gütekriterium. Die Beobachtungen im Bild werden durch eine Korrelation von Signalschablonen mit dem Bildsignal innerhalb der Suchbereiche gefunden.

Der Ansatz ist zum einen vom theoretischen Standpunkt aus betrachtet interessant. Die Integration des relativ simplen aber trotzdem praxistauglichen Umfeldmodells und des Dynamikmodells des eigenen Fahrzeugs zu einem Verfahren zur zeitlichen Verfolgung der Umfeldmodellparameter ergibt eine in sich abgeschlossene Lösung.

Zum anderen liefert das Verfahren im praktischen Einsatz gute Ergebnisse, solange die getroffenen Annahmen erfüllt sind. Mit den guten Ergebnissen erklärt sich der häufige Einsatz des Verfahrens und seiner Varianten.

Neben dem Verfahren aus [Dickmanns u. Mysliwetz 1992] und seinen Varianten gibt es weitere Verfahren, die sich in den Details der Methodik von [Dickmanns u.

Mysliwetz 1992] unterscheiden, jedoch zumindest eine ähnliche Strategie verfolgen. Zunächst werden aus Suchbereichen im Bild die Beobachtungen erzeugt, wozu gradientenbasierte, korrelationsbasierte oder frequenzbasierte Verfahren oder sogar besondere Filter eingesetzt werden. Es wird ein generisches geometrisches Modell für die Fahrstreifenbegrenzungen entweder im Bild oder in der Welt mit einer niedrigen Parameteranzahl gefordert, mit dem Ziel, die in den Beobachtungen enthaltene Information durch konkrete Werte der Parameter auszudrücken. Durch die Minimierung eines Fehlermaßes oder die Optimierung eines Gütemaßes werden die Parameterwerte ausgewählt, die die Beobachtungen am besten erklären. Arbeiten, die im weitesten Sinne diese Strategie verfolgen, sind beispielsweise [Broggi 1995; Kluge u. Thorpe 1995; Pomerleau 1995; Taylor u. a. 1996; Bertozzi u. Broggi 1998; Kreucher u. Lakshmanan 1999; Piazzi u. a. 2002; Apostoloff u. Zelinsky 2003; Aly 2008].

Diese Anstrengungen leisteten zum Teil Pionierarbeit auf dem Gebiet der Fahrstreifenwahrnehmung, jedoch sind die entwickelten Verfahren nicht für die Anwendung auf markierte Kreuzungen geeignet. Die Verläufe der Fahrstreifen auf Kreuzungen entstehen nicht aus fahrdynamischen Betrachtungen sondern aus den durch Bebauung und Verkehrsführung gegebenen Randbedingungen. Somit besitzen Fahrstreifen auf markierten Kreuzungen nicht unbedingt klothoidenförmige Verläufe. Die tatsächlich vorhandenen Verläufe sind zu allgemein, um mit einem einfachen Polynom niedriger Ordnung beschrieben zu werden. Wie in Bild 3.7 erkennbar ist, ändert sich die Fahrstreifenbreite im Kreuzungsbereich möglicherweise, so dass die Annahme der Parallelität der Fahrstreifenbegrenzung nicht streng erfüllt ist. Außerdem sind diese Verfahren nicht geeignet, das Assoziationsproblem zu lösen. Der folgende Abschnitt stellt eine Klasse von Verfahren vor, die dazu in der Lage sind.

2.2 Wahrnehmung markierter Kreuzungen mit harten Entscheidungen

Dieser Abschnitt beschreibt solche Verfahren zur Wahrnehmung markierter Kreuzungen, welche wesentlich durch das frühe Treffen von harten Entscheidungen geprägt sind. Diese Verfahren nehmen zunächst die einzelnen Markierungssegmente mit speziell dafür entwickelten Algorithmen wahr. Eine Markierungssegmenthypothese ist ein Rechteck in der Fahrbahnebene. Das Ergebnis dieses Detektionsschrittes ist eine Menge von Markierungssegmenthypothesen [Enkelmann u. a. 1995; Enkelmann 1996]. In einem zweiten Schritt werden die Markierungssegmenthypothesen auf ihren Zusammenhang hin untersucht. Allgemein ausgedrückt werden dabei verschiedene geometrische Merkmale der Markierungssegmenthypothesen betrachtet. Durch eine Klassifikation auf der Basis dieser Merkmale wird entschieden, welche Markierungssegmenthypothesen zusammen eine Fahrstreifenbegrenzung aufbauen [Enkelmann u. a. 1995; Enkelmann 1996]. Auf diese Weise wird auf der einen Seite das Assoziationsproblem gelöst, was gegenüber den Verfahren aus dem letzten Abschnitt als deutlicher Fortschritt zu werten ist. Auf der anderen Seite ist es nicht möglich, die Information des letzten Zeitschritts theoretisch sinnvoll in die Auswertung zum aktuellen Zeitschritt zu integrieren. Der Markierungssegmentdetektor kann die Information des letzten Bildes nicht theoretisch fundiert nutzen. Genauso kann die Entscheidung, einige Markierungssegmenthypothesen als zur selben Fahrstreifenbegrenzung gehörig zu betrachten, nicht theoretisch sinnvoll mit Information aus dem letzten Zeitschritt gestützt werden. Für eine videobasierte Wahrnehmung markierter Kreuzungen basierend auf Markierungssegmenthypothesen wurde dementsprechend noch keine zeitliche Verfolgung vorgestellt.

Abgesehen von den Schwierigkeiten bei der Umsetzung einer zeitlichen Verfolgung stellt die Klassifikation nach den geometrischen Merkmalen eine harte Entscheidung dar, so dass diese Verfahren inherent nicht in der Lage sind, mit Unsicherheit umzugehen. Ein einzelnes falsch detektiertes Markierungssegment kann das Gesamtergebnis zerstören. Der folgende Abschnitt behandelt Verfahren, die Unsicherheit durch eine explizite probabilistische Modellierung behandeln.

2.3 Wahrnehmung markierter Fahrstreifen mit einer probabilistischen Modellierung

Die Arbeit [Cech 2009] stellt eine videobasierte Wahrnehmung innerstädtischer markierter Fahrstreifen vor. Das Verfahren arbeitet auch dann noch erfolgreich, wenn keine Markierungen vorhanden sind, solange andere Hinweise auf den Fahrstreifenverlauf vorhanden sind, wie z. B. Bordsteine u. ä. .

Zur Initialisierung der videobasierten maschinellen Wahrnehmung werden zunächst geradenförmige Kantenstücke im ersten Bild einer videosequenz erkannt. Dabei werden bereits sinnvolle Anforderungen wie eine Mindestlänge und ein Mindestkontrast umgesetzt. Es wird realistischerweise davon ausgegangen, dass die Menge der erkannten Geradenstücke einen wesentlichen Anteil an irrelevanten Kantenstücken enthält. Um die einzelnen detektierten Geradenstücke zueinander in Beziehung setzen zu können, werden mehrere Merkmale definiert, wie z. B. der Abstand zweier Strecken parallel zur Streckenrichtung bzw. senkrecht dazu. Der Richtungsunterschied zweier Strecken und eine radiometrisch begründete Größe sind weitere Merkmale. Eine Fahrstreifenberandung wird dann modelliert als eine Markov-Kette erster Ordnung, wobei die Geradenstücke den Zuständen entsprechen. Auf diese Weise wird eine Fahrstreifenberandung also aus den Geradenstücken zusammengesetzt. Erwartungen an die Form gültiger Fahrstreifenberandungen werden durch eine entsprechende Gestaltung der Zustandsübergangskosten d. h. Zustandsübergangswahrscheinlichkeiten ausgedrückt. Die bereits erwähnten Merkmale werden in der Formulierung der Zustandsübergangskosten verwendet. Eine möglichst lange Kette von Geradenstücken mit insgesamt niedrigen Zustandsübergangskosten wird als eine gültige Fahrstreifenberandung betrachtet. Aus den vielen möglichen Verkettungen der vorhandenen Geradenstücke werden diese optimalen Verkettungen mit dem Viterbi-Algorithmus gefunden [Viterbi 1967]. Mit diesem Verfahren gelingt die initiale Identifikation der Fahrspurberandung trotz vieler vorhandener irrelevanter Liniensegmente.

Schließlich werden die zu den Liniensegmenten gehörigen Bildpositionen durch einen Spline genähert, so dass sich eine Beschreibung der Fahrstreifenberandung in der Bildebene ergibt. Diese Beschreibung der Fahrstreifenberandung durch einen Spline in der Bildebene wird zur zeitlichen Verfolgung der vorliegenden Fahrstreifenberandung im weiteren Verlaufe der Videosequenz genutzt. Bei der nötigen Prädiktion von einem Bild zum nächsten findet ein mechanisches Modell der Schwingung des Fahrzeugaufbaus Anwendung, wodurch die Prädiktion deutlich zutreffender wird. Fahrgeschwindigkeit und Lenkwinkel werden bei der Prädiktion ebenfalls benutzt.

2.4 Ähnliche Anwendungen einer probabilistischen Modellierung

In [Geman u. Jedynak 1996] wird der Straßenverlauf von Autobahnen in Satellitenbildern durch eine Verkettung von elementaren Bausteinen modelliert. Die Konfiguration der Bausteine wird probabilistisch formuliert, so dass vielfältige Verläufe darstellbar sind. Es wird ein Signalfilter entwickelt und die Antwort des Filters auf den Bildinhalt wird in Abhängigkeit von der Anwesenheit von Autobahn im Bildinhalt beschrieben. Mit diesem System gelingt die automatische Wahrnehmung von Autobahnen in Satellitenbildern über große Strecken. Die zeitliche Verfolgung spielt naturgemäß keine Rolle bei dieser Aufgabe. [Geman u. Jedynak 1996] stellt darüber hinaus eine Strategie zu einer effizienten Verarbeitung vor, die auf dem Prinzip der Problemteilung aufbaut.

[Dang u. a. 2006] stellt eine videobasierte Wahrnehmung von befahrbaren Pfaden in unstrukturiertem Gelände vor. Der Pfad wird durch die Verkettung von elementaren Bausteinen beschrieben. Die Konfiguration der Bausteine ist wiederum probabilistisch modelliert. Es werden Videomerkmale entwickelt, deren Ausprägung ebenfalls probabilistisch modelliert ist. Neben der Übertragung der Ideen von [Geman u. Jedynak 1996] auf die Wahrnehmung von Wüstenpfaden präsentiert [Dang u. a. 2006] eine zeitliche Verfolgung des Schätzergebnisses.

2.5 Die Anwendung logikbasierter Systeme auf innerstädtische Kreuzungen

Die bisher diskutierten Arbeiten unterscheiden sich sicherlich bezüglich ihrer genauen Anwendung, den verwendeten Modellen und den verwendeten Gütekriterien. Trotz dieser Unterschiede sind diese Verfahren jedoch sämtlich im Themengebiet der Messtechnik einzuordnen. In [Hummel 2009] wurde die Anwendung von Beschreibungslogik auf innerstädtische Kreuzungen als alternatives theoretisches Werkzeug untersucht.

Dabei gelingt in [Hummel 2009] zunächst die Herstellung von Äquivalenzen zwischen typischen Aufgaben der Messtechnik und den Fähigkeiten der Beschreibungslogik. Beispielsweise wird zwischen Assoziation und Unifizierung eine Äquivalenz hergestellt. Es wird gezeigt, wie eine Kreuzung mit den Mitteln der Beschreibungslogik zu modellieren ist. Dafür werden die entsprechenden Entwurfsmuster bereitgestellt. Im experimentellen Teil von [Hummel 2009] wird die vorgestellte Modellierung zunächst validiert. Danach werden Klassifikation, Detektion und Assoziation demonstriert. Dabei wird durch das logische Schließen ein Mehrgewinn erzeugt. Für die Experimente wurden korrekte und sichere Ergebnisse eines Markierungsdetektors vorausgesetzt.

[Hummel 2009] ist somit ein Schritt hin zu einer Anwendung von Beschreibungslogik zur Lösung anspruchsvoller Wahrnehmungsaufgaben. Bevor Beschreibungslogik auf einer breiteren Basis zur Wahrnehmung genutzt werden kann, sind Erweiterungen notwendig. Zum einen muss die Behandlung unsicherer Information möglich werden, zum anderen muss die Monotonizität des logischen Schließens aufgelöst werden.

3 Kreuzungsmodellierung und Bildinterpretation

Kapitel 3 und 4 stellen das im Rahmen der vorliegenden Arbeit entstandene Verfahren zur videobasierten Wahrnehmung markierter Kreuzungen vor. Dabei werden z. T. bestehende Elemente der Schätztheorie aufgegriffen und zur Lösung der vorliegenden Herausforderungen eingesetzt. Die Diskussion der bestehenden Elemente der Schätztheorie und die Diskussion der konkreten Anwendung ist in dieselben Kapitel integriert, um einen Bezug zwischen Theorie und konkreter Anwendung herzustellen. Abschnitt 3.1 diskutiert die angewendete Lösungsstrategie unter theoretischen Gesichtspunkten. Die restlichen Abschnitte dieses Kapitels und die von Kapitel 4 setzen die einzelnen Bausteine der Lösungsstrategie um.

3.1 Entwicklung der Lösungsstrategie

In diesem Abschnitt werden grundsätzliche **Forderungen** an ein System zur maschinellen Wahrnehmung markierter Kreuzungen formuliert und die **daraus folgenden Konsequenzen** bezüglich der Umsetzung diskutiert. Die darauf folgenden Abschnitte dieses Kapitels sowie das Kapitel 4 stellen die schrittweise Umsetzung dieser **Forderungen und Konsequenzen** dar.

Obwohl die Fahrstreifengeometrien auf manchen innerstädtischen Kreuzungen möglicherweise durch Geradenstücke, Viertelkreisbögen, Parabeln o. ä. beschreibbar sind, so eignen sich diese einfachen Modelle nicht für eine maschinelle Wahrnehmung. Dies ist darin begründet, dass die Modelle eine globale Beschreibung darstellen. Der Nachteil einer globalen Beschreibung liegt darin, dass sich die Beobachtungen aus einem Bildteil grundsätzlich auch auf das Ergebnis der Wahrnehmung im gesamten Bild auswirken. Im ungünstigsten Fall ist das Ergebnis im gesamten Erfassungsbereich des Sensors aufgrund weniger Fehlbeobachtungen in einem beschränkten Bildbereich unbrauchbar. Aus dieser Überlegung ergibt sich die **erste Forderung** nach einer **flexiblen geometrischen Repräsentation von Kreuzungen und ihren Fahrstreifen**. Diese Repräsentation soll insbesondere eine Lokalitätseigenschaft besitzen, d. h. es soll keine deterministische Abhängigkeit zwischen dem Fahrstreifenverlauf in unterschiedlichen Bildregionen bestehen.

Diese Forderung wird in Abschnitt 3.3 zur Repräsentation mehrerer Fahrstreifen der eigenen Fahrtrichtung bzw. in Abschnitt 3.6 zur Repräsentation mehrerer kreuzender Fahrstreifen umgesetzt.

Die **zweite Forderung** ist die nach der weitgehenden **Vermeidung von frühen Entscheidungen**. „Früh“ bezeichnet dabei den Zeitpunkt der Entscheidung im Ablauf des Algorithmus zur maschinellen Wahrnehmung. Damit sind Entscheidungen gemeint, die getroffen werden, bevor die Gesamtheit der vorliegenden Daten in ihrem Zusammenhang untersucht wird. Frühe Entscheidungen wären dann zulässig, wenn die Information, auf der sie beruhen, sicher ist. Diese Voraussetzung ist im Zusammenhang der maschinellen videobasierten Wahrnehmung markierter Kreuzungen nicht erfüllt. Die Daten der Markierungsdetektoren oder anderer Merkmalsdetektoren sind unsicherheitsbehaftet. Eine probabilistische Modellierung kann mit dieser Tatsache umgehen. Damit ist es möglich, Entscheidungen sinnvollerweise spät im Ablauf des Algorithmus zu treffen, indem die Unsicherheit in den realisierten Daten konkret berücksichtigt wird. Die **probabilistische Modellierung** ist eine mögliche Strategie zur Vermeidung von frühen Entscheidungen.

Der zeitliche Zusammenhang zwischen aufeinanderfolgenden Videobildern bedingt auf natürliche Weise, dass die Informationen des vergangenen Bildes eine Relevanz für das aktuelle Bild besitzen. Daher muss die Information des vergangenen Bildes auf theoretisch sinnvolle Weise in der Auswertung für das aktuelle Bild berücksichtigt werden. Eine **zeitliche Verfolgung**, wie sie durch ein Bayes-Filter realisierbar ist, ist schließlich die **dritte Forderung**. Als Konsequenz ergibt sich die Notwendigkeit eines **probabilistischen Modells der zeitlichen Entwicklung der zu schätzenden Größe**. Dieses Modell beschreibt den Zusammenhang zwischen aufeinanderfolgenden Bildern und ist daher notwendig für eine Umsetzung der zeitlichen Verfolgung. Ein solches probabilistisches Modell zur Beschreibung der zeitlichen Entwicklung ist für Bildmerkmale wie die in Abschnitt 2.2 diskutierten Markierungssegmenthypothesen o. ä. nicht sinnvoll formulierbar. Das liegt zum einen daran, dass die angewendeten Merkmalsdetektoren i. a. keine Schnittstelle besitzen, um Information aus dem letzten Bild einfließen lassen zu können. Zum anderen können die Merkmalsdetektoren für visuell ähnliche Bilder verschiedene Verarbeitungsergebnisse erzeugen, was die Assoziation der entsprechenden Information unmöglich macht.

Ziel des Verfahrens ist die Bestimmung des wahrscheinlichsten Wertes für die zu schätzende Größe. Um diese Aussage machen zu können, ist die Aufnahme von Information bezüglich aller möglichen Werte der zu schätzenden Größe nötig. Dazu werden aus der Menge aller möglichen Werte einige Punkte als Abtastpunkte ausgewählt. Die Abtastpunkte werden Hypothesen genannt. Der Lösungsraum wird dadurch zu einer endlichen Menge diskreter Lösungswerte. Das Videobild wird unter Verwendung des probabilistischen Modells bezüglich der Hypothesen ausgewertet.

Die Forderung nach einer probabilistischen Modellierung der zeitlichen Entwicklung und der Entstehung der Beobachtungen führt zu einer Modellierung als verdeckter Markow-Prozess. Zu diesem Zweck bespricht Abschnitt 3.2 verdeckte Markow-Prozesse und ist damit als ein Abschnitt zu einem bestehenden Element der Schätztheorie zu betrachten. Abschnitte 3.3 bis 3.7 stellen darauf aufbauend die entwickelte Modellierung von innerstädtischen Kreuzungen und die Bildinterpretation vor. Abschnitt 3.8 geht auf die Realisierung der zeitlichen Verfolgung ein. Abschnitt 3.9 diskutiert die Anwendung eines bestehenden Verfahrens zur effizienten Signalverarbeitung im Zusammenhang der vorliegenden Wahrnehmungsaufgabe.

Die in diesem Abschnitt verwendete Argumentation steht hinter mehreren Arbeiten zu vergleichbaren Aufgaben der maschinellen Wahrnehmung (s. [Geman u. Jedynak 1996; Dang u. a. 2006]).

3.2 Verdeckte Markow-Prozesse

Verdeckte Markow-Prozesse sind hervorragend geeignet, um auf elegante Weise komplexe Zusammenhänge der realen Welt im Rechner abzubilden. Bei der Anwendung von verdeckten Markow-Prozessen sind die interessierenden Systemgrößen nicht direkt einer Beobachtung zugänglich. Die Systemgrößen existieren entsprechend der Modellierung zu diskreten Zeitpunkten $t_k, k \in \mathbb{N}$. Die verdeckten, interessierenden Systemgrößen werden Zustand genannt. Der zeitlich veränderliche Zustand wird als eine Folge von stochastischen Variablen $\boldsymbol{X}_k$ modelliert. Die $\boldsymbol{X}_k$ nehmen diskrete Werte aus einer endlichen Menge möglicher vektorwertige Werte $\mathbb{X} = \{\mathbf{X}^i\}, \quad i = 1, \ldots, |\mathbb{X}|, \quad |\mathbb{X}| \in \mathbb{N}$ an. Über die tatsächlich vorliegende, konkrete Realisation $\mathbf{X}_k$ der stochastischen Variablen $\boldsymbol{X}_k$ stehen nur unsichere Informationen zur Verfügung, so dass eine probabilistische Behandlung nötig ist. Die Wahrscheinlichkeiten $P(\boldsymbol{X}_k = \mathbf{X}^i|\mathbb{Y}_k)$ beschreiben, welcher der möglichen Werte $\mathbb{X}$ zum Zeitpunkt t_k wahrscheinlich der korrekte ist, wobei die Menge der bis zum Zeitpunkt t_k einschließlich vorliegenden vektorwertigen Beobachtungen $\mathbb{Y}_k = \{\mathbf{Y}_1, \ldots, \mathbf{Y}_k\}$ betrachtet wird. Die vektorwertige Beobachtung $\mathbf{Y}_k$ wird modelliert als die Realisation einer stochastischen Variablen $\boldsymbol{Y}_k$. Im Rahmen dieses Abschnitts soll die Beobachtung ebenfalls nur diskrete Werte aus einer Menge $\mathbb{Y} = \{\mathbf{Y}^i\}, \quad i = 1, \ldots, |\mathbb{Y}|, \quad |\mathbb{Y}| \in \mathbb{N}$ möglicher Werte annehmen. Grundsätzlich sind auch wertekontinuierliche Beobachtungen möglich.

Die Entwicklung des Zustands mit der Zeit ist ebenfalls probabilistisch beschrieben. Dabei soll die Markow-Eigenschaft gelten, d. h. bei gegebenem Zustand $\mathbf{X}_{k-1}$ zum letzten Zeitpunkt ist der Zustand $\mathbf{X}_k$ des aktuellen Zeitpunkts statistisch unabhängig vom Zustand zu allen älteren Zeitpunkten $t_{k-2}, t_{k-3}, \ldots$. Formal wird dies ausgedrückt durch $P(\boldsymbol{X}_k|\boldsymbol{X}_{k-1}, \boldsymbol{X}_{k-2}, \boldsymbol{X}_{k-3}, \ldots) = P(\boldsymbol{X}_k|\boldsymbol{X}_{k-1})$. Die Übergangswahrscheinlichkeiten $P(\boldsymbol{X}_k|\boldsymbol{X}_{k-1})$ drücken aus, welcher Zustand $\mathbf{X}_k$ wahrscheinlich vorliegt bei gegebenem letzten Zustand $\mathbf{X}_{k-1}$. Die *a posteriori*-Wahrscheinlichkeiten $P(\boldsymbol{X}_{k-1} = \mathbf{X}^i|\mathbb{Y}_{k-1})$ des letzten Zeitschritts t_{k-1} werden mit dieser Information zu den *a priori*-Wahrscheinlichkeiten $P(\boldsymbol{X}_k = \mathbf{X}^i|\mathbb{Y}_{k-1})$ des aktuellen Zeitpunkts entsprechend Gl. 3.1 prädiziert. η ist dabei ein Normierungsfaktor. Die zweite Zeile in Gl. 3.1 stellt die Marginalisierung über die stochastische Variable $\boldsymbol{X}_{k-1}$ dar. Bei der Umformung zur dritten Zeile wird die Annahme umgesetzt, dass $\boldsymbol{X}_k$ bei gegebenem $\boldsymbol{X}_{k-1}$ unabhängig von $\mathbb{Y}_{k-1}$ ist.

$$\begin{aligned}
P(\boldsymbol{X}_k = \mathbf{X}^i|\mathbb{Y}_{k-1}) &= \\
&= \frac{1}{\eta}\sum_{j=1}^{|\mathbb{X}|} P(\boldsymbol{X}_k = \mathbf{X}^i|\boldsymbol{X}_{k-1} = \mathbf{X}^j, \mathbb{Y}_{k-1}) \cdot P(\boldsymbol{X}_{k-1} = \mathbf{X}^j|\mathbb{Y}_{k-1}) \\
&= \frac{1}{\eta}\sum_{j=1}^{|\mathbb{X}|} P(\boldsymbol{X}_k = \mathbf{X}^i|\boldsymbol{X}_{k-1} = \mathbf{X}^j) \cdot P(\boldsymbol{X}_{k-1} = \mathbf{X}^j|\mathbb{Y}_{k-1}) \qquad (3.1)
\end{aligned}$$

Die Realisation $\mathbf{Y}_k$ der stochastischen Variablen $\boldsymbol{Y}_k$ ist allein von der stochastischen Variable $\boldsymbol{X}_k$ abhängig. Bei gegebenem Zustand $\boldsymbol{X}_k$ ist die Beobachtung $\mathbf{Y}_k$ also unabhängig von der Beobachtung $\mathbf{Y}_{k-1}$ zum letzten Zeitpunkt t_{k-1}, sowie allen älteren Beobachtungen. Dementsprechend erfolgt die Beschreibung anhand bedingter Wahrscheinlichkeiten $P(\boldsymbol{Y}_k = \mathbf{Y}^j|\boldsymbol{X}_k = \mathbf{X}^i) = P(\boldsymbol{Y}_k = \mathbf{Y}^j|\boldsymbol{X}_k = \mathbf{X}^i, \mathbb{Y}_{k-1})$. Durch diesen Zusammenhang ist es möglich, bei vorliegender Beobachtung $\mathbf{Y}_k$ Rückschlüsse über den erzeugenden Zustand $\mathbf{X}_k$ zu ziehen. Das ist in Gl. 3.2 formalisiert. Gl. 3.2 ist die Anwendung des Theorems von Bayes [Beitz u. Grote 1997] und entspricht Gl. (27) aus [Rabiner 1989].

$$P(\boldsymbol{X}_k = \mathbf{X}^i|\mathbb{Y}_k) = \frac{P(\boldsymbol{X}_k = \mathbf{X}^i|\mathbb{Y}_{k-1}) \cdot P(\boldsymbol{Y}_k = \mathbf{Y}_k|\boldsymbol{X}_k = \mathbf{X}^i)}{\sum_{j=1}^{|\mathbb{X}|} P(\boldsymbol{X}_k = \mathbf{X}^j|\mathbb{Y}_{k-1}) \cdot P(\boldsymbol{Y}_k = \mathbf{Y}_k|\boldsymbol{X}_k = \mathbf{X}^j)} \qquad (3.2)$$

Bild 3.1 illustriert die zeitliche Entwicklung eines verdeckten Markow-Prozesses mit dem Zustand und der Beobachtung zu verschiedenen Zeitpunkten. Diese Darstellung wurde aus [Barker u. a. 1995] übernommen. Neben der Veranschaulichung des zeitlichen Ablaufs lässt sich die Darstellung als gerichteter Abhängigkeitsgraph verstehen [Pearl 1988]. Ist beispielsweise die Größe $\boldsymbol{X}_k$ bekannt, so verschwinden die Abhängigkeiten aller folgenden Größen ($\boldsymbol{X}_{k+1}$, $\boldsymbol{Y}_k$ und $\boldsymbol{Y}_{k+1}$) von allen übrigen vorhergehenden ($\boldsymbol{X}_{k-1}$ und $\boldsymbol{Y}_{k-1}$). „Folgend" und „vorhergehend" bezieht sich dabei nicht auf den zeitlichen Ablauf, sondern auf den Zusammenhang im Graph.

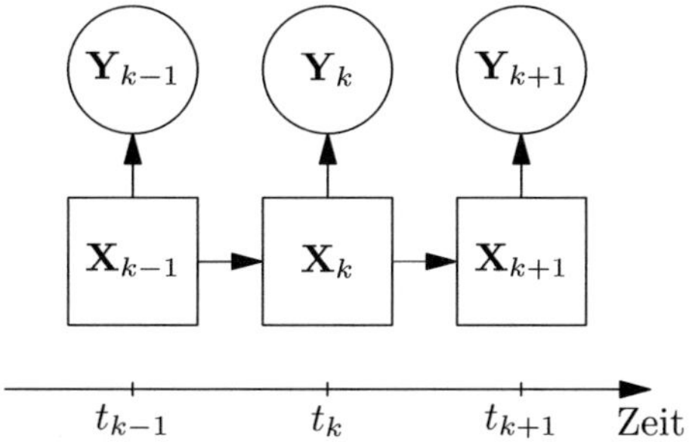

Bild 3.1: Zustand und Beobachtung eines verdeckten Markow-Prozesses im zeitlichen Ablauf [Barker u. a. 1995]

Die in diesem Abschnitt besprochenen Inhalte zu verdeckten Markow-Prozessen wurden entsprechend den Anforderungen der vorliegenden Arbeit ausgewählt. Die so vorbereiteten Grundlagen fließen in die Modellierung eigener Fahrstreifen in Abschnitt 3.3, in die Modellierung kreuzender Fahrstreifen in Abschnitt 3.6, und die Interpretation des Bildinhalts in Abschnitt 3.5 ein. Für eine detailliertere Diskussion von verdeckten Markow-Prozessen ist [Rabiner 1989] zu empfehlen.

3.3 Modellierung mehrerer Fahrstreifen der eigenen Fahrtrichtung

Dieser Abschnitt entwickelt die Repräsentation der Fahrstreifen der eigenen Fahrtrichtung entsprechend den in Abschnitt 3.1 identifizierten Anforderungen. Zunächst werden die im Rahmen dieser Arbeit verwendeten Koordinatensysteme festgelegt. Das zum Zeitpunkt t_k gültige Weltkoordinatensystem wird bezeichnet mit (X_k, Y_k, Z_k). Die Transformation zwischen den Weltkoordinatensystemen zu zwei verschiedenen Zeitpunkten sei bekannt, beispielsweise aus GPS-Messungen. Die (Y_k, Z_k)-Ebene des Weltkoordinatensystems fällt mit der Fahrbahnebene zusammen. Für die Diskussion des Verfahrens im Rahmen dieser Arbeit wird angenommen, dass die Videokamera in der Längsmittelebene des Fahrzeugs angebracht und exakt nach vorne ausgerichtet ist. Der Ursprung des Koordinatensystems befindet sich dann genau unter der Videokamera in der Fahrbahnebene. Die Z_k-Achse entspricht der Längsrichtung des Fahrzeugs. Die X_k-Achse weist nach oben. Die Einbauhöhe h der Kamera und der Nickwinkel werden als bekannt angenommen. Ein Wankwinkel wird nicht modelliert. Bild 3.2 zeigt eine Illustration.

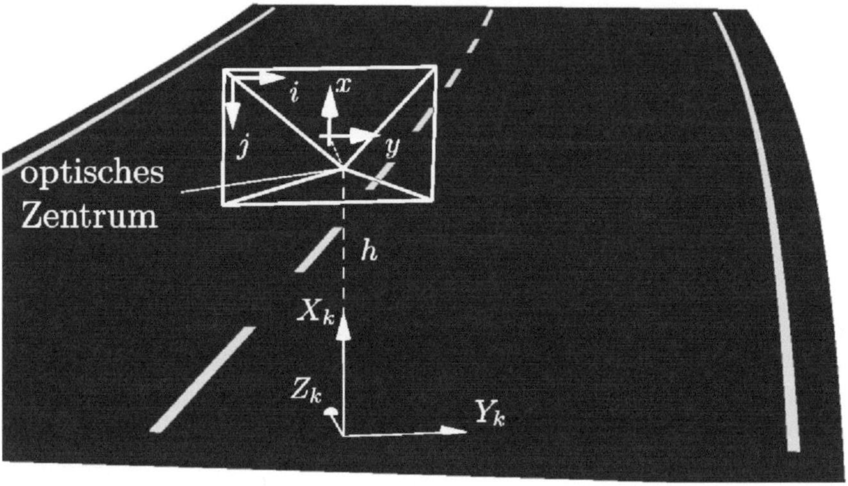

Bild 3.2: Das Weltkoordinatensystem liegt in der Fahrbahnebene.

Bis zu drei Fahrstreifen werden gemeinsam in der als bekannt angenommenen Fahrbahnebene durch eine Verkettung atomarer Fahrstreifensegmente beschrieben. Die wesentlichen Hinweise auf das Vorhandensein von Fahrstreifen befinden sich im Randbereich der wahrzunehmenden Fahrstreifen. Daher werden im Randbereich der Fahrstreifen Suchbereiche für Markierungen definiert. Zwischen den Randbereichen eines Fahrstreifens befinden sich möglicherweise widersprüchliche Hinweise wie z. B. Markierungen kreuzender Spuren. Daher wird der mittlere Bereich eines Fahrstreifens bei der Auswertung nicht berücksichtigt. Ein im Koordinatensystem (X_k,Y_k,Z_k) definiertes Segment wird mit einer vektorwertigen Größe $\mathbf{S}_k$ bezeichnet. Der Vektor $\mathbf{S}_k$ enthält sämtliche zur eindeutigen Beschreibung notwendigen Größen. Der i-te Suchbereich eines Segmentes $\mathbf{S}_k$ wird bezeichnet durch die vektorwertige Größe ${}^i\mathbf{M}^{\mathbf{S}_k}$.[1] Bild 3.3 zeigt das Weltkoordinatensystem (X_k,Y_k,Z_k), ein atomares Fahrstreifensegment $\mathbf{S}_k$ mit drei Fahrstreifen, vier Suchbereichen, der Orientierung $\alpha^{\mathbf{S}_k}$ gegenüber dem Weltkoordinatensystem, der

[1] Diese Bezeichnung leitet sich davon ab, dass in den Suchbereichen **M**arkierungen erwartet werden.

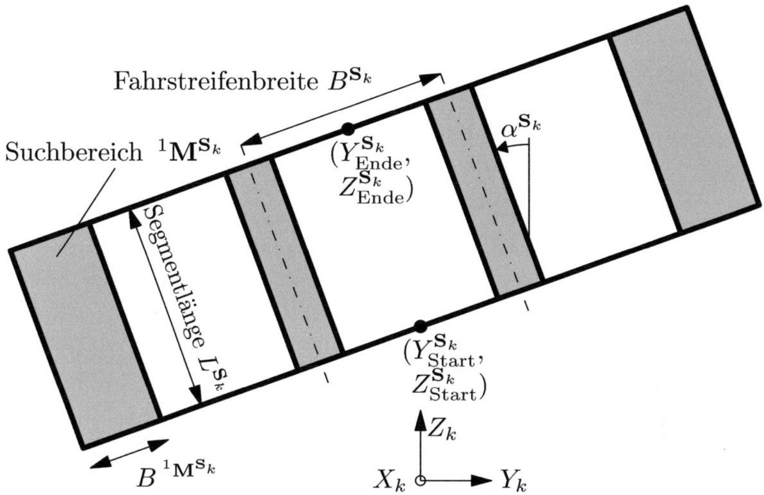

Bild 3.3: Bild eines Fahrstreifensegments mit drei Fahrstreifen.

Fahrstreifenbreite $B^{\mathbf{S}_k}$, der Segmentlänge $L^{\mathbf{S}_k}$ und dem Startpunkt und Endpunkt. $B\ {}^1\mathbf{M}^{\mathbf{S}_k}$ bezeichnet exemplarisch die Breite des ersten Suchbereiches dieses Segments. Die Wahl der Breiten der Suchbereiche wird auf S. 26 erläutert.

Mehrere dieser Segmente werden aneinandergehängt, um die Fahrstreifen der eigenen Fahrtrichtung gemeinsam zu modellieren. Von einem Segment zum nächsten wird eine Änderung der Fahrstreifenbreite oder der lateralen Position oder der Orientierung α zugelassen. Bei einer Änderung der Fahrstreifenbreite zwischen zwei Segmenten oder einer Änderung der Orientierung zwischen zwei Segmenten stimmt der Endpunkt des letzten Segments mit dem Startpunkt des nächsten Segments überein. Eine Änderung der lateralen Position wird durch einen Versatz zwischen Endpunkt und Startpunkt des folgenden Elements realisiert. Der mittlere der drei Fahrstreifen dient zur Darstellung des Egofahrstreifens. Der linke bzw. rechte der drei Fahrstreifen dient zur Darstellung eines möglicherweise vorhandenen benachbarten Fahrstreifens. Für diese drei Fahrstreifen werden verschiedene Konfigurationen zugelassen, welche im Folgenden durch dreistellige Bezeichnungen benannt werden. Die Konfiguration aus allen drei Fahrstreifen wird mit FFF bezeichnet. Dabei steht jeder Buchstabe stellvertretend für einen Fahrstreifen. Ein N kennzeichnet den Fall, dass der entsprechende Fahrstreifen nicht vorhanden ist. Die modellierten Konfigurationen sind FFF, NFF, FFN, NFN. Mit dieser Modellierung werden der eigene und eventuell angrenzende Fahrstreifen beschreibbar. Abschließend werden die dem Vektor $\mathbf{S}_k$ zugehörigen Größen explizit genannt mit

$\mathbf{S}_k = \left[\text{Konfiguration}, \alpha^{\mathbf{S}_k}, B^{\mathbf{S}_k}, L^{\mathbf{S}_k}, Y^{\mathbf{S}_k}_{\text{Start}}, Z^{\mathbf{S}_k}_{\text{Start}}, t_k\right]^T$. Darin ist t_k enthalten, um den Zusammenhang zum korrekten Koordinatensystem (X_k,Y_k,Z_k) herzustellen. „Konfiguration" meint z. B. FFF. Die Position und Breite der Suchbereiche des betreffenden Segments ist durch diese Angaben implizit festgelegt, so dass keine explizite Beschreibung der Suchbereiche durch diesen Vektor nötig ist.

In den Suchbereichen werden Markierungen in der dem Fahrstreifensegment entsprechenden Fahrtrichtung erwartet. Die Suchbereiche sind deutlich breiter als eine Markierung. Die Fahrstreifen der eigenen Richtung werden durch eine Kette von N^{Segmente} Segmenten modelliert. Die Segmente haben eine konstante Länge. Das erste Segment ist so in der Welt positioniert, dass es an der unteren Bildkante beginnt. Die so definierte Fahrstreifenhypothese zum Zeitpunkt t_k wird durch die vektorwertige Größe $\mathbf{X}_k = \left[\text{Konfiguration}, L^{{}^1\mathbf{S}_k}, \alpha^{{}^1\mathbf{S}_k}, B^{{}^1\mathbf{S}_k}, Y^{{}^1\mathbf{S}_k}_{\text{Start}}, Z^{{}^1\mathbf{S}_k}_{\text{Start}}, \alpha^{{}^2\mathbf{S}_k}, B^{{}^2\mathbf{S}_k}, Y^{{}^2\mathbf{S}_k}_{\text{Start}}, Z^{{}^2\mathbf{S}_k}_{\text{Start}}, \alpha^{{}^3\mathbf{S}_k}, B^{{}^3\mathbf{S}_k}, Y^{{}^3\mathbf{S}_k}_{\text{Start}}, Z^{{}^3\mathbf{S}_k}_{\text{Start}}, \alpha^{{}^4\mathbf{S}_k}, B^{{}^4\mathbf{S}_k}, Y^{{}^4\mathbf{S}_k}_{\text{Start}}, Z^{{}^4\mathbf{S}_k}_{\text{Start}}, \alpha^{{}^5\mathbf{S}_k}, B^{{}^5\mathbf{S}_k}, Y^{{}^5\mathbf{S}_k}_{\text{Start}}, Z^{{}^5\mathbf{S}_k}_{\text{Start}}, t_k\right]^T$ bezeichnet. ${}^1\mathbf{S}_k$ bezeichnet das erste Segment der Hypothese. Die Konfiguration und die Länge $L^{{}^1\mathbf{S}_k}$ des ersten Segments gelten für die gesamte Hypothese und sind daher nur einmal aufgeführt. Die weiteren Größen beschreiben die fünf Segmente der Hypothese. Die durch eine konkrete Hypothese $\mathbf{X}_k$ modellierte Fahrstreifenanzahl wird mit $F^{\mathbf{X}_k} \in \{1,2,3\}$ bezeichnet.

Entsprechend Abschnitt 3.1 muss eine Abtastung der möglichen Lösungen durchgeführt werden, so dass eine endliche Menge aus Hypothesen gebildet wird. Diese Abtastung geschieht durch die Festlegung fester Stufen für die variablen Parameter dieser Segmentkette. Es werden feste Stufen festgelegt für die Y_k-Koordinate des Startpunktes des ersten Segments, für die Orientierung α des ersten Segments, für die Fahrstreifenbreite B des ersten Segments, für die Reduktion der Fahrstreifenbreite zwischen Segmenten, für den Knick Δ_α zwischen Segmenten und für den lateralen Versatz Δ_{lat} zwischen Segmenten. Die Anzahl der Stufen d. h. die Feinheit der Abtastung wurde so gewählt, dass möglichst wenige Hypothesen bei möglichst guter Modellierfähigkeit entstehen. Beispielsweise wurde die Abtastung der horizontalen Ablagen so gewählt, dass sich die Suchbereiche der verschiedenen Segmente in geringem Maße überschneiden. Die vielfältigen Variationsmöglichkeiten erzeugen eine große Hypothesenanzahl. Die Menge der Hypothesen zum Zeitpunkt t_k wird mit $\mathbb{X}_k = \{\mathbf{X}^1_k, \ldots, \mathbf{X}^{|\mathbb{X}_k|}_k\}$ bezeichnet. Der hochgestellte Index ^{i} der Hypothese $\mathbf{X}^i_k$ stellt zunächst eine beliebige Nummerierung dar.

Zur Veranschaulichung zeigt Bild 3.4 eine Hypothese mit zwei Fahrstreifen (dem mittleren und dem linken) im Weltkoordinatensystem. Dabei wird ein gedrehtes erstes Element, eine Reduktion der Spurbreite, ein Knick nach rechts, ein Versatz nach rechts und eine identische Fortsetzung demonstriert.

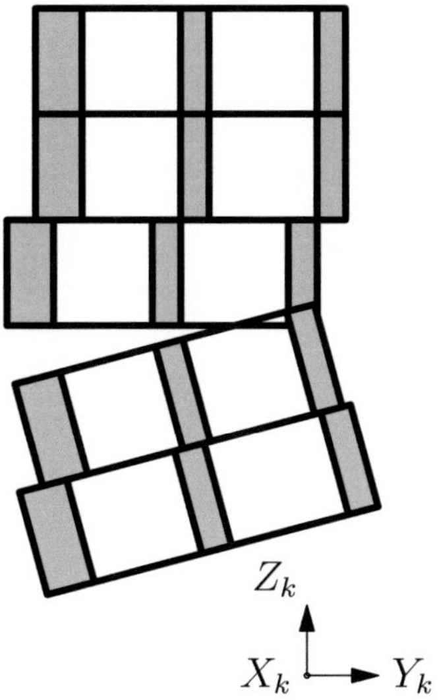

Bild 3.4: Eine Hypothese mit zwei Fahrstreifen.

Das bei der Erstellung der Hypothesen aus kleineren Segmenten verwendete Prinzip der Problemteilung ermöglicht die schrittweise Spezialisierung von relativ allgemeinen Hypothesen hin zu spezielleren Hypothesen mit steigender Segmenttiefe. Durch die Verwendung identischer Segmente und identischer Variationsmöglichkeiten bei gegebener Segmenttiefe wird die regelmäßige Organisation in einem Baum möglich. Die Knoten dieses Baums repräsentieren die Eigenschaften der Hypothesen. Die ersten drei Ebenen in dem Baum dienen der Festlegung von Eigenschaften wie z. B. der Fahrstreifenbreite. Die vierte Ebene schließlich definiert ein vollständiges Segment im Weltkoordinatensystem. Diesem Segment folgen in den tieferen Ebenen des Baums weitere Segmente. Nun werden die Abkürzungen

KL für den Knick nach links,

KR für den Knick nach rechts,

TL für die Translation nach links,

TR für die Translation nach rechts,

ident für die Fortsetzung der Segmentkette unter Beibehaltung der Eigenschaften,

schmal für eine Verminderung der Fahrstreifenbreite und

breit für eine Verbreiterung

eingeführt. Mit diesen Abmachungen illustriert Bild 3.5 den Baum zur Verwaltung der Hypothesen der eigenen Spuren. Der Baum besitzt sieben Knoten in der ersten Ebene, welche die Ablage des ersten Segments spezifizieren. Diese Knoten sind in der ersten Zeile von Bild 3.5 dargestellt. Die Zahlen geben die für die Abtastung der Ablage festgelegten Stufen bei einer Fahrstreifenbreite von $4{,}25\mathrm{m}$ an. Die Orientierung des ersten Segments wird in fünf Stufen abgetastet für jeden Abtastpunkt der Ablage, so dass sich 35 Knoten in der zweiten Ebene des Baumes ergeben. Da sich 35 Knoten nicht mehr sinnvoll in einem Bild darstellen lassen, illustriert Bild 3.5 die Variationsmöglichkeiten jeder Ebene nur für einen ausgesuchten Knoten der jeweils darüberliegenden Ebene. Diese ausgesuchten Knoten sind in Bild 3.5 durch den blauen Streckenzug verbunden. Die dritte Ebene definiert die Konfiguration des Fahrstreifens. Die vierte Ebene definiert die Fahrstreifenbreite des ersten Segments. Die relativ hohen Werte der Fahrstreifenbreite sind notwendig, um die Aufweitung der Fahrstreifen im Kreuzungsbereich modellieren zu können (die Aufweitung der Fahrstreifen im Kreuzungsbereich ist in Bild 3.7 erkennbar). Mit der vierten Ebene des Baums ist das erste reale Segment in der Fahrbahnebene vollständig beschrieben. Alle weiteren Ebenen definieren jeweils ein eigenes Segment, so dass sich insgesamt eine Kette von fünf Segmenten ergibt.

Die Blattnummer des letzten Segments einer Hypothese $\mathbf{X}_k^i$ gibt ihren hochgestellten Index ^{i} an. Das erste Segment von $\mathbf{X}_k^i$ wird mit ${}^1\mathbf{S}_k^i$ bezeichnet. Die Menge $\mathbb{S}_k^i = \{ {}^1\mathbf{S}_k^i, {}^2\mathbf{S}_k^i, {}^3\mathbf{S}_k^i, {}^4\mathbf{S}_k^i, {}^5\mathbf{S}_k^i \}$ bezeichnet die fünf zu $\mathbf{X}_k^i$ gehörigen Segmente. Die Menge aller Segmente zum Zeitpunkt t_k ist gegeben durch $\mathbb{S}_k = \bigcup_i \mathbb{S}_k^i$.

Der in Bild 3.5 blau eingetragene Pfad definiert beispielhaft eine Hypothese $\mathbf{X}_k^i$. Diese stimmt mit der in Bild 3.4 dargestellten Hypothese überein.

Mit diesen Variationsmöglichkeiten bezüglich der Konfiguration und der Geometrie der Fahrstreifen werden vielfältige Straßenverläufe darstellbar. Innerhalb eines Suchbereiches besitzt der Verlauf der Markierung im Detail keine Relevanz, wodurch expliziter Modellierungsaufwand eingespart wird. Durch die explizite Modellierung einer Fahrstreifenaufweitung bei gleichzeitiger Forderung nach näherungsweiser Parallelität der Fahrstreifenmarkierungen ist eine realitätsnahe Modellierung von Fahrstreifenverläufen auf Kreuzungen gelungen.

Eine Situation, in der das Fahrzeug in einem sehr großen Winkel zu den eigenen Spuren steht, beispielsweise $90°$, ist mit den gewählten Variationsmöglichkeiten nicht darstellbar. Der Fall, dass das Fahrzeug direkt auf den eigenen Spuren und senkrecht zu diesen steht, ist mit der verwendeten in Fahrtrichtung blickenden Kamera sowieso nicht beobachtbar.

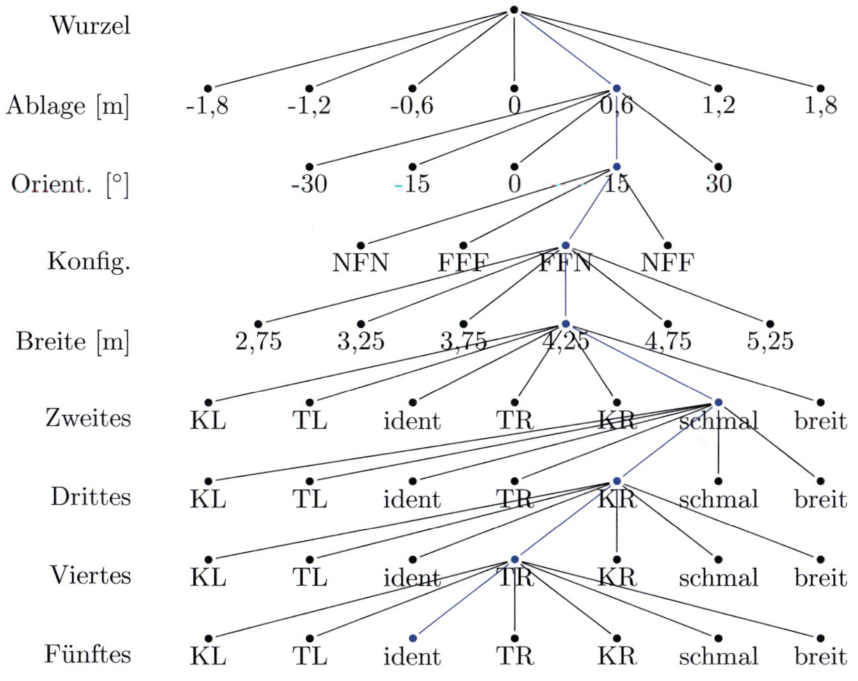

Bild 3.5: Darstellung des Baums zur Verwaltung der Hypothesen der eigenen Spuren. Die verwendeten Abkürzungen werden im Text erklärt.

Diese Repräsentation kann prinzipiell mit den ständig wachsenden Rechnerkapazitäten erweitert und so die Modellierfähigkeit verbessert werden. Es könnten weitere Variationsmöglichkeiten in den unteren Ebenen des Baums eingeführt werden, z. B. zusätzliche Segmente mit einem zweiten größeren Knickwinkel. Ebenso könnte die Anzahl der Segmente pro Hypothese (d. h. die Ebenenanzahl des Baumes) erhöht und die Segmentlänge reduziert werden. Ein Nachteil der gewählten Modellierung liegt darin, dass diese Variationen zu einer Häufung der Hypothesen führt, die hauptsächlich geradeaus führen. Hypothesen, die stark gekrümmte Fahrstreifen beschreiben, sind weniger oft vertreten.

Eine Verkettung identisch knickender Segmente ergibt einen kreisförmigen Fahrstreifenverlauf. Der einem bestimmten Knickwinkel entsprechende Krümmungsradius ξ ist durch Gl. 3.3 gegeben. L bezeichnet die Segmentlänge.

$$\xi = \frac{L}{2\cos(90^\circ - \Delta_\alpha/2)} \tag{3.3}$$

Der gewählte Knickwinkel von $\Delta_\alpha = 15°$ entspricht also einem Krümmungsradius von $\xi = 11{,}5\mathrm{m}$, was für den innerstädtischen Bereich eine angemessene Modellierung darstellt.

Im Folgenden wird die Wahl der Suchbereichsbreite durch eine Betrachtung der Abtastung von Ablage und Fahrstreifenbreite des ersten Segments vorgenommen. Die Diskussion betrachtet die Menge $\mathbb{E}$ der ersten Segmente mit der Konfiguration FFF. Es sei $A^{\mathbf{E}}$ die Ablage und $B^{\mathbf{E}}$ die Fahrstreifenbreite eines Segments $\mathbf{E} \in \mathbb{E}$. Dann ist der Abstand ${}^{i}a, \quad i \in \{1{,}2{,}3{,}4\}$ zwischen der Mittelgeraden des i-ten Suchbereichs von $\mathbf{E}$ und der ihm entsprechenden realen Fahrstreifenmarkierung gegeben durch Gl. 3.4. Dabei ist A^{Real} die in der Realität vorliegende Ablage des Fahrzeugs gegenüber dem Fahrstreifen und B^{Real} entsprechend die real vorliegende Fahrstreifenbreite, welche identisch für die drei Fahrstreifen sei. ${}^{i}r \in \{-1{,}5, \quad -0{,}5, \quad 0{,}5, \quad 1{,}5\}$ ist ein vorzeichenbehafteter Faktor.

$${}^{i}a = |(A^{\mathrm{Real}} - A^{\mathbf{E}}) + {}^{i}r \cdot (B^{\mathrm{Real}} - B^{\mathbf{E}})| \tag{3.4}$$

Der Abstand ${}^{i}a$ wird für das Segment am kleinsten, welches die Realität am besten wiedergibt. Für dieses Segment können die Abstände abgeschätzt werden mit der Abtastweite der Ablage Δ_{A} und der Abtastweite der Fahrstreifenbreite Δ_{B} entsprechend Gl. 3.5. Dabei wird ausgenutzt, dass die Abtastung der Ablage zu 7 Stufen erfolgt, die sich an der Fahrstreifenbreite orientieren. D. h. es gilt $\Delta_{\mathrm{A}} = \frac{1}{7} B^{\mathbf{E}}$.

$${}^{i}a \leq |A^{\mathrm{Real}} - A^{\mathbf{E}}| + |{}^{i}r| \cdot |B^{\mathrm{Real}} - B^{\mathbf{E}}| \leq \frac{1}{2}\Delta_{\mathrm{A}} + |{}^{i}r|\frac{1}{2}\Delta_{\mathrm{B}} = \frac{1}{2}\frac{1}{7}B^{\mathbf{E}} + |{}^{i}r|\frac{1}{2}\Delta_{\mathrm{B}} \tag{3.5}$$

Aus der Forderung, dass jede real existierende Markierung durch mindestens ein Segment darstellbar sein soll, ergibt sich die Suchbereichsbreite $B^{\,{}^{i}\mathbf{M}^{\mathbf{S}_k}}$ entsprechend Gl. 3.6. Damit ist begründet, warum die Suchbereiche ganz links und ganz rechts entsprechend der gezeigten Bilder breiter sind als die Suchbereiche des mittleren Fahrstreifens. Die Bezeichnung $B^{\,{}^{i}\mathbf{M}^{\mathbf{S}_k}}$ für die Suchbereichsbreite ist auf S. 21 eingeführt worden.

$${}^{i}a < \frac{1}{2}\frac{1}{7}B^{\mathbf{E}} + |{}^{i}r|\frac{1}{2}\Delta_{\mathrm{B}} \overset{!}{<} \frac{1}{2}B^{\,{}^{i}\mathbf{M}^{\mathbf{S}_k}} \tag{3.6}$$

In der Anwendung der Repräsentation spielt es eine Rolle, wie groß die Abweichung Γ zwischen der Orientierung des Suchbereiches α und der Orientierung einer real vorhandenen Markierung ist. Unter anderem anhand dieser Abweichung Γ wird entschieden, ob ein gegebenes Segment einen realen Fahrstreifen korrekt modelliert. Im Folgenden wird untersucht, welche Werte für Γ maximal zu erwarten sind, für den Fall, dass ein dem Segment entsprechender Fahrstreifen vorliegt. Γ entsteht aus der endlichen Anzahl an Abtastpunkten für die Orientierung des ersten Segments sowie aus der endlichen Anzahl an Abtastpunkten für den Knickwinkel zwischen aufeinanderfolgenden Segmenten. Die folgende Betrachtung zeigt exemplarisch, dass Γ^{S} größer als der halbe Knickwinkel (d. h. $7{,}5°$) zu wählen ist. Bild 3.6 zeigt drei markierte Fahrstreifen. Die linke Markierung des eigenen (d. h. mittleren) Fahrstreifens weist einen realistischen Krümmungsradius von $15\mathrm{m}$ auf. Ferner zeigt Bild 3.6 ein passendes erstes Segment mit einer Fahrstreifenbreite von $5{,}25\mathrm{m}$ und zwei alternative Fortsetzungsmöglichkeiten. Diese beiden Fortsetzungsmöglichkeiten sind gegeben durch die identische Fortsetzung und das nach links knickende Segment. Da das vorliegende Szenario den getroffenen Annahmen entspricht, muss mindestens eine dieser Fortsetzungsmöglichkeiten gültig sein. Im Folgenden wird jeweils nur der linke Suchbereich des linken Nachbarfahrstreifens betrachtet. Im Sinne einer pessimistischen Abschätzung wird angenommen, dass der Suchbereich des knickenden Segments die Orientierung der vorliegenden Markierung an seinem unteren Ende misst. Genauso wird angenommen, dass der Suchbereich des alternativen Segments die Orientierung der Markierung am oberen Austrittspunkt misst. Diese beiden Punkte sind in Bild 3.6 markiert. Es lässt sich leicht zeigen, dass $\Gamma > 25°$ für das Segment gilt, welches die identische Fortsetzung darstellt. Aus Bild 3.6 ist zu erkennen, dass dieses Segment tatsächlich nicht in Frage kommt, weil keines seiner Fortsetzungen mit dem Markierungsverlauf übereinstimmt. Für das knickende Segment ist $\Gamma = 10°$. Dieses Segment muss aber korrekt sein. Was hier beispielhaft gezeigt wurde, gilt prinzipiell: Die kurveninneren Suchbereiche der knickenden Segmente sind zu weniger stark orientierten Markierungen hin verschoben. Daraus folgt die Notwendigkeit, die Schranke der Orientierungsabweichung relativ großzügig z. B. zu $\Gamma^{\mathrm{S}} = 10°$ zu wählen.

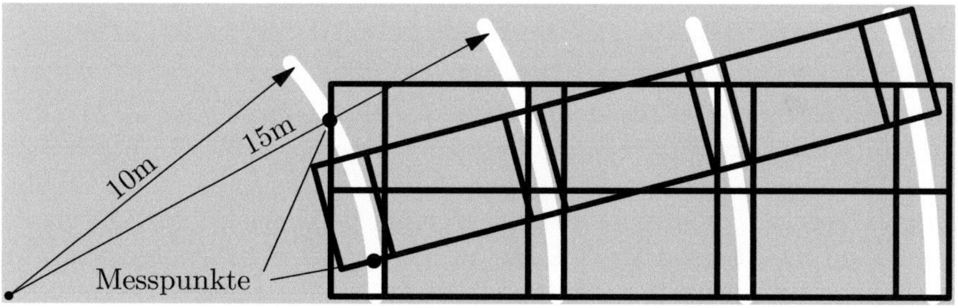

Bild 3.6: Illustration zur Wahl der Schranke Γ^{S}.

Dieser Abschnitt hat die Repräsentation der Fahrstreifen der eigenen Fahrtrichtung vorgestellt. Dabei wurden die Forderungen aus Abschnitt 3.1 konsequent umgesetzt. Für die praktische Anwendung relevante Gesichtspunkte wie die Bestimmung der Suchbereichsbreite $B^{\,^i\mathrm{M}^{\mathrm{S}_k}}$ und die Wahl der Orientierungsfehlerschranke Γ^{S} wurden diskutiert. Mit dieser Vorbereitung gelingt im nächsten Abschnitt der Nachweis der Modellierfähigkeit realer Kreuzungsgeometrien. Abschnitt 3.5 stellt dar, wie der Zusammenhang zwischen der gefundenen Repräsentation und dem Bildinhalt hergestellt wird.

3.4 Anwendung auf reale Kreuzungsgeometrien

Für einen Nachweis der praxistauglichen Modellierfähigkeit wird die gefundene Repräsentation auf reale Kreuzungsgeometrien angewendet. Die restlichen festzulegenden Parameter werden wie folgt gewählt. Die Verjüngung bzw. die Verbreiterung der Fahrstreifenbreite zwischen aufeinanderfolgenden Segmenten geschieht mit einem Faktor von $0{,}9$ bzw. $1{,}1$. Der laterale Versatz zwischen Segmenten wird zur Breite eines inneren Suchbereiches gewählt.

Aus Luftbildern wurden Fahrstreifenmarkierungsverläufe auf innerstädtischen Straßen und Kreuzungen in Stuttgart extrahiert. Das Weltkoordinatensystem (X_k, Y_k, Z_k) wird an 10 Positionen auf jeder dieser 5 digitalen Karten platziert, so dass 50 Szenarien entstehen. Dadurch wird eine Fahrt auf diesen 5 Szenarien simuliert, so dass eine aussagekräftige Untersuchung möglich wird. Die 5 digitalen Karten sind in Bild 3.7 wiedergegeben. Die Punkte kennzeichnen die Positionen des Weltkoordinatensystems. Das kurze Geradenstück in jedem Punkt gibt die Richtung der Z_k-Achse an. Die zu dieser Untersuchung herangezogenen Fahrstreifen sind

(a) der rechte der beiden Fahrstreifen, die von der Straße „Am Kochenhof“ nach links in die „Stresemannstraße“ abbiegt,

(b) ein Stück der „Paulinenstraße“,

(c) die zwei Fahrstreifen, welche aus Süden kommend am nördlichen Ende der „Heilbronner Straße“ nach rechts abbiegen,

(d) der rechte der beiden Fahrstreifen, die von der „Hedelfinger Straße“ nach links in die „Otto-Konz-Brücken“ einbiegen, sowie

(e) die beiden Fahrstreifen, die von der „Mühlhäuser Straße“ nach links in den „Seeblickweg“ abbiegen.

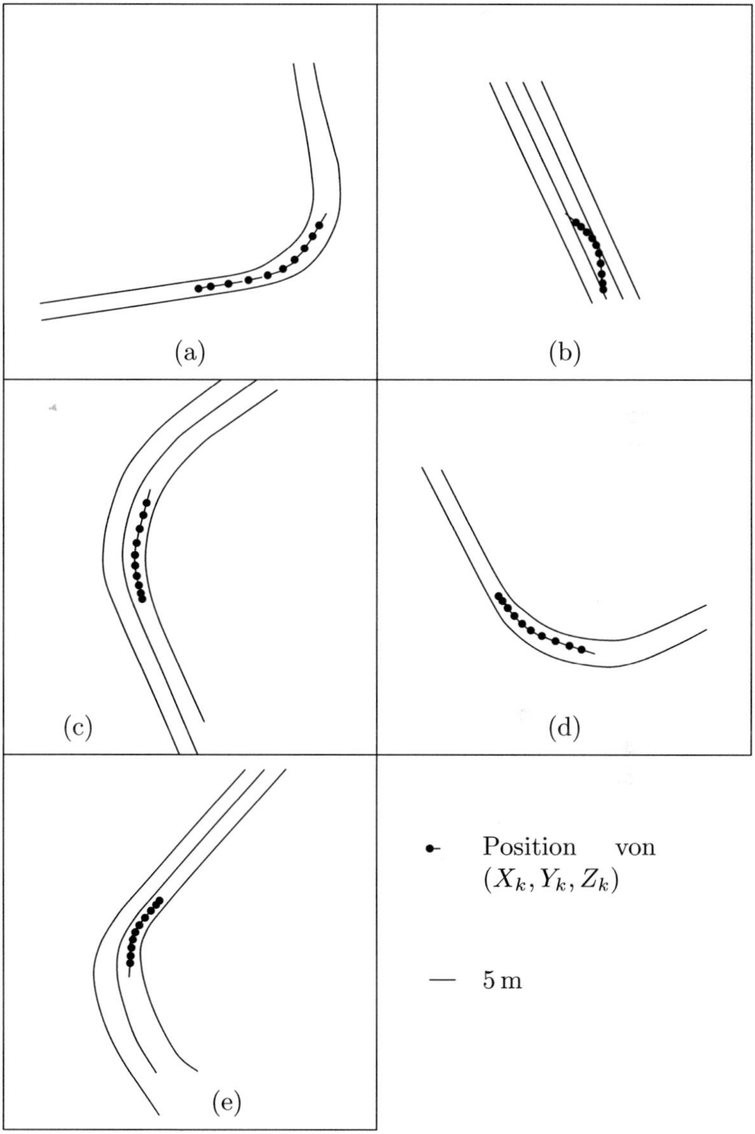

Bild 3.7: Die zur Evaluation herangezogenen digitalen Karten. Erläuterungen sind im Text zu finden.

In Bild 3.7 ist u. a. die bereits erwähnte Aufweitung der Abbiegerfahrstreifen im Kreuzungsbereich erkennbar. Ein Szenario gilt dann als korrekt durch eine Hypothese $\mathbf{X}_k^i$ repräsentiert, wenn sich jeder Suchbereich jedes Segments zu mindestens 25% seiner Länge mit dem Markierungsverlauf überdeckt. Zusätzlich muss der Winkel zwischen Suchbereich und Markierungsverlauf betragsmäßig kleiner als $10°$ sein. Im Rahmen dieser Untersuchung geht es nur um den geometrischen Verlauf der Fahrstreifenbegrenzung, d. h. es ist unerheblich, ob die realen Markierungen durchgezogen oder gestrichelt sind.

Mit diesen Abmachungen ergibt die Untersuchung, dass für die digitalen Karten (a)-(d) insgesamt 33 von 40 Szenarien darstellbar sind. Diese Szenarien sind durch die gewählten Variationsmöglichkeiten also überwiegend darstellbar. Die Tatsache, dass nicht alle Szenarien darstellbar sind, ist auf kleinere Modellverletzungen zurückzuführen.

Für die Karte (e) sind von 10 Szenarien 4 darstellbar. Diese Szenarien sind durch die gewählte Modellierung also überwiegend nicht darstellbar. Es lassen sich drei wesentliche Arten von Modellverletzung identifizieren, die dafür verantwortlich sind. Die erste Modellverletzung entsteht dadurch, dass mehrere parallele Fahrstreifen vorliegen, die jedoch verschiedene Orientierungen an derselben Stelle entlang des Markierungsverlaufs aufweisen. Das wird dadurch hervorgerufen, dass der kurveninnere der zwei abbiegenden Fahrstreifen bereits abbiegt, während der kurvenäußere noch geradeaus führt und etwas verspätet abbiegt. Diese Situation ist im Bereich der Einfahrt in die Kurve in Bild 3.7 (e) zu erkennen. Ein solches Szenario kann mit den modellierten Segmenten nicht dargestellt werden. Die zweite wesentliche Art von Modellverletzung besteht darin, dass sich die Fahrstreifen im Kreuzungsbereich tatsächlich gleichzeitig krümmen und verbreitern. Eine mäßige kombinierte Krümmung und Verbreiterung ist mit der gewählten Modellierung darstellbar. Wird die Dynamik der real vorliegenden kombinierten Krümmung und Verbreiterung jedoch sehr groß, so ist das entsprechende Szenario nicht darstellbar. Eine dritte Art der Modellverletzung besteht darin, dass die beiden parallelen Fahrstreifen deutlich verschiedene Fahrstreifenbreiten aufweisen. Im Fall der Karte (e) liegen diese drei Arten von Modellverletzung in kombinierter Form vor, so dass eine entsprechend schlechte Modellierbarkeit resultiert.

Während die Eigenschaften mancher realer Kreuzungsgeometrien mit der vorliegenden Modellierung nicht darstellbar sind, so stellt dies jedoch keine prinzipielle Einschränkung dar. Tatsächlich ließen sich prinzipiell Segmente definieren, die beispielsweise eine gleichzeitige Krümmung und Fahrstreifenaufweitung darstellen. Mit den zukünftig verfügbaren Rechnerkapazitäten werden folglich auch diese Szenarien darstellbar sein. Die überwiegende Mehrheit der real existierenden Kreuzungsgeometrien lassen sich mit der vorliegenden Modellierung darstellen.

Bild 3.8 zeigt für je einen Punkt der Trajektorie zu jeder der digitalen Karten eine der entsprechenden Hypothesen und die Markierungen. Die Reihenfolge der digitalen Karten ist identisch zu Bild 3.7. Es ist gut zu erkennen, wie jede der einzelnen Variationsmöglichkeiten zwischen den Segmenten zur Modellierfähigkeit beiträgt. Mit weniger Variationsmöglichkeiten wären weniger Szenarien darstellbar.

3.5 Die Interpretation des Videosignals bezüglich der Fahrstreifen der eigenen Fahrtrichtung

Dieser Abschnitt stellt den Zusammenhang zwischen der Modellierung aus Abschnitt 3.3 und dem Bildinhalt her. Damit wird die Interpretation des Videosignals möglich. Die das aktuelle Bild $g(x,y,t_k)$ korrekt beschreibende Hypothese $\mathbf{X}_k$ wird begriffen als der Zustand eines verdeckten Markow-Prozesses entsprechend Abschnitt 3.2. Die Menge $\mathbb{X}_k$ der Fahrstreifenhypothesen entspricht der Menge $\mathbb{X}$ der möglichen Zustände im verdeckten Markow-Prozess. Die Wahl der Übergangswahrscheinlichkeiten $P(\boldsymbol{X}_k = \mathbf{X}^i | \boldsymbol{X}_{k-1} = \mathbf{X}^j)$ aus Gl. 3.1 wird in Abschnitt 3.8 diskutiert. Damit sind bis auf das Beobachtungsmodell alle theoretischen Bausteine eines verdeckten Markow-Prozesses für die konkrete Anwendung spezifiziert. Das Beobachtungsmodell schließlich wird in diesem Abschnitt im Detail festgelegt.

Es ist zu bemerken, dass sich die einzelnen Fahrstreifenhypothesen gegenseitig ausschließen müssten, um eine theoretisch absolut korrekte Modellierung zu gewährleisten. Das bedeutet, eine gegebene reale Kreuzungsgeometrie dürfte in jedem Fall nur durch exakt eine Hypothese korrekt beschrieben werden. Diese Bedingung ist in der Praxis nur näherungsweise erfüllt, d. h. es kommt vor, dass zu einer gegebenen Kreuzungsgeometrie mehrere entsprechende Hypothesen existieren. Die Konsequenz aus dieser Verletzung ist, dass die Wahrscheinlichkeit, die im Idealfall nur einer Hypothese zugeteilt wird, auf mehrere Hypothesen verteilt wird.

Der ν-te Suchbereich eines Segments ${}^j\mathbf{S}_k^i$ erzeugt eine Realisation ${}^\nu\mathbf{T}^{\,{}^j\mathbf{S}_k^i}$ der vektorwertigen stochastischen Variablen ${}^\nu\boldsymbol{T}^{\,{}^j\mathbf{S}_k^i}$.[2] Die Ausprägung der Realisation ${}^\nu\mathbf{T}^{\,{}^j\mathbf{S}_k^i}$ ist davon abhängig, ob ein dem Suchbereich entsprechender Fahrstreifen vorhanden ist. Dementsprechend ist die Verteilung der stochastischen Variablen ${}^\nu\boldsymbol{T}^{\,{}^j\mathbf{S}_k^i}$ beschrieben durch die bedingte Wahrscheinlichkeitsdichte $p({}^\nu\boldsymbol{T}^{\,{}^j\mathbf{S}_k^i}|\text{Fahrstreifen nicht vorhanden})$ bzw. $p({}^\nu\boldsymbol{T}^{\,{}^j\mathbf{S}_k^i}|\text{Fahrstreifen vorhanden})$.

[2] Diese Bezeichnung verdeutlicht, dass diese Realisation ein **T**eil aller Beobachtungen zu diesem Bild ist.

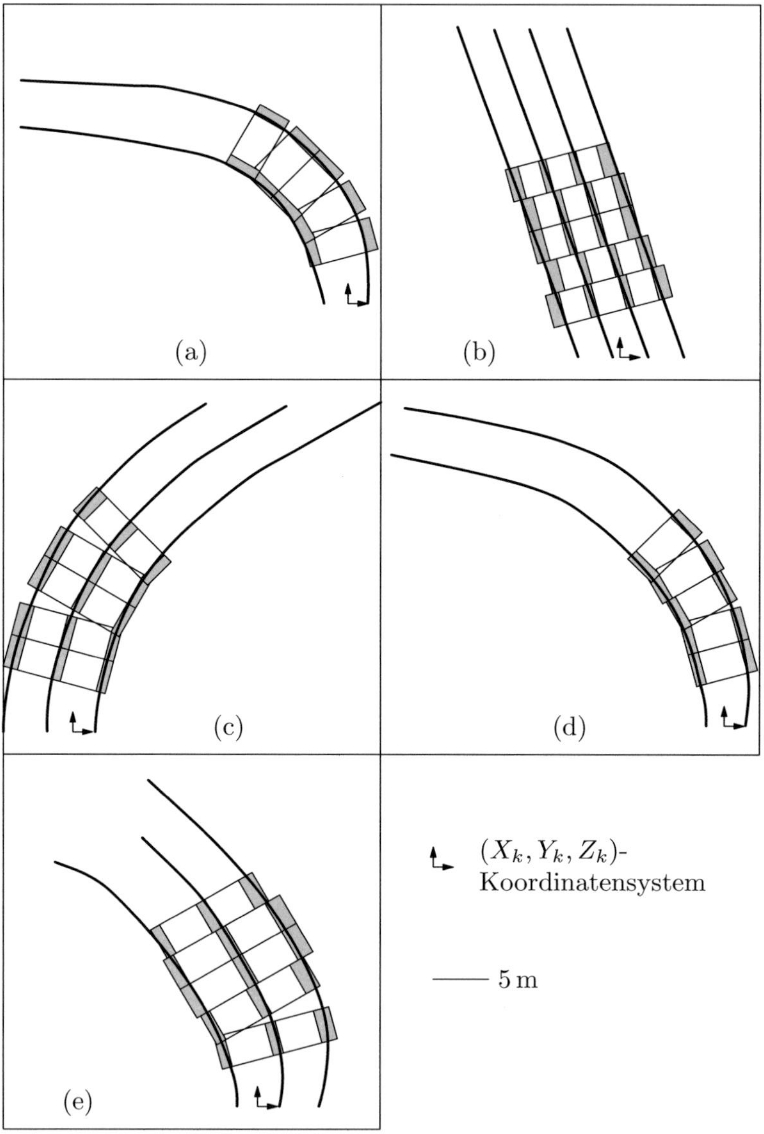

Bild 3.8: Eine Auswahl der getesteten Szenarien und der entsprechenden Hypothesen.

Diese werden im Folgenden mit $p_0({}^{\nu}\boldsymbol{T}^{{}^{j}\mathbf{S}^{i}_{k}})$ bzw. $p_1({}^{\nu}\boldsymbol{T}^{{}^{j}\mathbf{S}^{i}_{k}})$ bezeichnet. Im Rahmen dieses Kapitels wird ${}^{\nu}\mathbf{T}^{{}^{j}\mathbf{S}^{i}_{k}}$ allgemein verwendet, ohne auf die Dimension oder die Einträge einzugehen. Kapitel 4 konkretisiert die Realisation ${}^{\nu}\mathbf{T}^{{}^{j}\mathbf{S}^{i}_{k}}$, sowie das Verfahren, mit dem sie erzeugt wird. Die Wahl der Funktionen $p_0({}^{\nu}\boldsymbol{T}^{{}^{j}\mathbf{S}^{i}_{k}})$ und $p_1({}^{\nu}\boldsymbol{T}^{{}^{j}\mathbf{S}^{i}_{k}})$ wird ebenfalls in Kapitel 4 diskutiert. Die Werte $p_0({}^{\nu}\mathbf{T}^{{}^{j}\mathbf{S}^{i}_{k}})$ und $p_1({}^{\nu}\mathbf{T}^{{}^{j}\mathbf{S}^{i}_{k}})$ stellen den Zusammenhang zwischen dem Suchbereich d. h. der Fahrstreifenrepräsentation und dem Bildsignal her. Für eine theoretisch sinnvolle Modellierung muss eine Strategie gefunden werden, wie mit der variablen Anzahl an Suchbereichen pro Segment umzugehen ist. Die Schnittstelle gegenüber den restlichen Bausteinen des Verfahrens muss für alle Segmente einheitlich sein. Folglich wird definiert, dass jedes Segment durch nur eine Beobachtung $\mathbf{T}^{{}^{j}\mathbf{S}^{i}_{k}}$ aus einem seiner Suchbereiche repräsentiert wird. Dazu wird aus den Beobachtungen ${}^{\nu}\mathbf{T}^{{}^{j}\mathbf{S}^{i}_{k}}$ der Suchbereiche eines Segments ${}^{j}\mathbf{S}^{i}_{k}$ die Beobachtung $\mathbf{T}^{{}^{j}\mathbf{S}^{i}_{k}}$ ausgewählt, die am untypischsten für den Fall ist, dass ein Fahrstreifen vorliegt. Dieses Vorgehen kann als eine konservative Abschätzung interpretiert werden: Es wird die Beobachtung ausgewählt, die am wenigsten den Erwartungen entspricht. Gl. 3.7 beschreibt die mathematische Umsetzung.

$$\mathbf{T}^{{}^{j}\mathbf{S}^{i}_{k}} = \arg\min_{\nu} \left\{ \frac{p_1({}^{\nu}\boldsymbol{T}^{{}^{j}\mathbf{S}^{i}_{k}} = {}^{\nu}\mathbf{T}^{{}^{j}\mathbf{S}^{i}_{k}})}{p_0({}^{\nu}\boldsymbol{T}^{{}^{j}\mathbf{S}^{i}_{k}} = {}^{\nu}\mathbf{T}^{{}^{j}\mathbf{S}^{i}_{k}})} \right\} \tag{3.7}$$

Zusätzlich wird verlangt, dass Suchbereiche, deren korrespondierende Fahrstreifen durch das betrachtete Segment als abwesend modelliert werden, entsprechende Beobachtungen aufweisen. Wird beispielsweise ein Segment ${}^{j}\mathbf{S}^{i}_{k}$ der Konfiguration NFF betrachtet, dann wird für den ganz linken Suchbereich ${}^{1}\mathbf{M}^{{}^{j}\mathbf{S}^{i}_{k}}$ eine Realisation ${}^{1}\mathbf{T}^{{}^{j}\mathbf{S}^{i}_{k}}$ erwartet, wie sie typischerweise bei Abwesenheit eines Fahrstreifens auftritt. Ist diese Bedingung verletzt, so wird dem gesamten Segment eine indifferente Beobachtung mit den Werten $p_1(\boldsymbol{T}^{{}^{j}\mathbf{S}^{i}_{k}} = \mathbf{T}^{{}^{j}\mathbf{S}^{i}_{k}}) = p_0(\boldsymbol{T}^{{}^{j}\mathbf{S}^{i}_{k}} = \mathbf{T}^{{}^{j}\mathbf{S}^{i}_{k}}) > 0$ zugeordnet. Auch diese Maßnahme geschieht im Sinne einer konservativen Abschätzung: Die Beobachtungen in den Suchbereichen eines Segments sollen den Erwartungen entsprechen. Abweichungen werden in der Kostenfunktion bestraft. Damit ist eine Strategie gefunden, die für jedes Segment eine einheitliche Aussage aus seinen Suchbereichen ableitet. Im Rahmen der Theorie bedeutet dieses Vorgehen, dass das Beobachtungsmodell der Segmente die Ausprägung der Beobachtung beschreibt, die am untypischsten ist. Ein Nachteil dieser Modellierung besteht darin, dass einseitig markierte Fahrstreifen nicht detektiert werden können.

Die Menge aller Segmente $\mathbb{S}_k$ erzeugt die vektorwertige Realisation $\mathbf{Y}_k = \left[\mathbf{T}^{\,^1\mathbf{S}_k^1}, \ldots, \mathbf{T}^{\,^5\mathbf{S}_k^{|\mathbb{X}|}}\right]^T$ zum Zeitpunkt t_k.[3] Die Verteilung der stochastischen Variablen $\boldsymbol{Y}_k$ wird beschrieben durch die bedingten Wahrscheinlichkeitsdichten $p(\mathbf{Y}_k|\boldsymbol{X}_k = \mathbf{X}_k^i), \mathbf{X}_k^i \in \mathbb{X}_k$. Für eine konkrete Hypothese $\mathbf{X}_k^i$ ergibt sich diese Wahrscheinlichkeitsdichte als das Produkt der Wahrscheinlichkeitsdichten der einzelnen $\mathbf{T}^{\,^j\mathbf{S}_k^i}$, wobei die der Hypothese $\mathbf{X}_k^i$ zugehörigen Segmente mit $p_1(\mathbf{T}^{\,^j\mathbf{S}_k^i})$ in das Produkt eingehen und alle anderen Segmente mit $p_0(\mathbf{T}^{\,^j\mathbf{S}_k^i})$ entsprechend Gl. 3.8. $\mathbb{S}_k^i$ bezeichnet die Menge der zu $\mathbf{X}_k^i$ gehörenden Segmente entsprechend der Definition auf S. 24. N^{Segmente} bezeichnet die Anzahl der Segmente pro Hypothese, d. h. im konkreten Fall ist $N^{\text{Segmente}} = 5$. Gl. 3.8 bedeutet, dass bei gegebenem Zustand $\mathbf{X}_k = \mathbf{X}_k^i$ die Realisation $\mathbf{Y}_k$ eine hohe Wahrscheinlichkeitsdichte besitzt, die für jedes Segment der Hypothese $\mathbf{X}_k^i$ eine Beobachtung $\mathbf{T}$ aufweist, die eine hohe Wahrscheinlichkeitsdichte für den Fall bedeutet, dass ein Fahrstreifen vorliegt. Gleichzeitig muss jedes Segment der konkurrierenden Hypothesen eine Beobachtung $\mathbf{T}$ erzeugen, die eine hohe Wahrscheinlichkeitsdichte für den Fall aufweist, dass bei der konkurrierenden Hypothese kein Fahrstreifen vorliegt. Diese Modellierung setzt voraus, dass die Beobachtung $\mathbf{T}^{\,^j\mathbf{S}_k^i}$ eines Segmentes $^j\mathbf{S}_k^i$ bei gegebenem Zustand $\mathbf{X}_k$ stochastisch unabhängig ist von der Beobachtung $\mathbf{T}^{\,^\nu\mathbf{S}_k^\iota}$ eines anderen Segmentes $^\nu\mathbf{S}_k^\iota$. Diese Annahme ist in manchen Fällen verletzt, da es vorkommen kann, dass verschiedene Suchbereiche teilweise oder exakt übereinstimmen [Geman u. Jedynak 1996]. Die Anzahl der zu einem konkreten Suchbereich identischen Suchbereiche ist jedoch gering, so dass keine Auswirkung dieser Verletzung auf die Ergebnisse der Wahrnehmung festgestellt werden kann.

$$p(\mathbf{Y}_k|\boldsymbol{X}_k = \mathbf{X}_k^i) = \prod_{j=1}^{N^{\text{Segmente}}} p_1(\mathbf{T}^{\,^j\mathbf{S}_k^i}) \cdot \prod_{\mathbf{S}_k \in \mathbb{S}_k, \mathbf{S}_k \notin \mathbb{S}_k^i} p_0(\mathbf{T}^{\mathbf{S}_k}) \tag{3.8}$$

Die Wahrscheinlichkeitsdichten $p(\mathbf{Y}_k|\boldsymbol{X}_k = \mathbf{X}_k^i)$ aus Gl. 3.8 werden mit den *a priori*-Wahrscheinlichkeiten der Hypothesen $P(\boldsymbol{X}_k = \mathbf{X}_k^i|\mathbb{Y}_{k-1})$ kombiniert zu den *a posteriori*-Wahrscheinlichkeiten $P(\boldsymbol{X}_k = \mathbf{X}_k^i|\mathbb{Y}_k)$ entsprechend Gl. 3.9.

$$P(\boldsymbol{X}_k = \mathbf{X}_k^i|\mathbb{Y}_k) = \frac{P(\boldsymbol{X}_k = \mathbf{X}_k^i|\mathbb{Y}_{k-1}) \cdot p(\boldsymbol{Y}_k = \mathbf{Y}_k|\boldsymbol{X}_k = \mathbf{X}_k^i)}{\sum_{j=1}^{|\mathbb{X}|} P(\boldsymbol{X}_k = \mathbf{X}_k^j|\mathbb{Y}_{k-1}) \cdot p(\boldsymbol{Y}_k = \mathbf{Y}_k|\boldsymbol{X}_k = \mathbf{X}_k^j)} \tag{3.9}$$

[3] Eine genaue Betrachtung dieses Vektors zeigt, dass jedes Segment jeder Hypothese eine vektorwertige Beobachtung beiträgt.

Gl. 3.9 entspricht der Gl. 3.2 wobei die Wahrscheinlichkeiten der Beobachtungen $P(\boldsymbol{Y}_k = \mathbf{Y}_k|\boldsymbol{X}_k = \mathbf{X}^i)$ ersetzt wurden durch die Werte der Wahrscheinlichkeitsdichten $p(\boldsymbol{Y}_k = \mathbf{Y}_k|\boldsymbol{X}_k = \mathbf{X}_k^i)$.

In Worten ausgedrückt bedeuten Gl. 3.9 und Gl. 3.8, dass die Wahrscheinlichkeit einer Hypothese dann hoch ist, wenn ihre Suchbereiche Markierungen enthalten und die Suchbereiche aller anderen Hypothesen keine Markierungen enthalten. Die Wahrnehmungsaufgabe wird umso leichter je verschiedener die Wahrscheinlichkeitsdichtefunktionen $p_0(\mathbf{T}^{\mathbf{S}_k})$ und $p_1(\mathbf{T}^{\mathbf{S}_k})$ sind. Für den gutmütigen Fall $\int_{\mathbf{T}^{\mathbf{S}_k}} p_1(\mathbf{T}^{\mathbf{S}_k}) \cdot p_0(\mathbf{T}^{\mathbf{S}_k})\, \mathrm{d}\mathbf{T}^{\mathbf{S}_k} = 0$ wäre die Wahrnehmungsaufgabe eindeutig zu entscheiden.

In der vorliegenden Auswertung entsprechend Gl. 3.9 sind die Beobachtungen $\mathbb{Y}_{k-1}$ bis zum letzten Zeitpunkt einschließlich und die aktuellen Beobachtungen $\mathbf{Y}_k$ berücksichtigt. Weitere möglicherweise vorhandene Information könnte durch entsprechende zusätzliche Terme in dieser Gleichung berücksichtigt werden. Beispielsweise könnten die Informationen aus einer digitalen Karte über entsprechende Faktoren $P(\boldsymbol{X}_k = \mathbf{X}_k^i|\text{digitale Karte})$ berücksichtigt werden. Dadurch könnten Erwartungen bezüglich Fahrstreifenanzahl, Krümmung oder auch Fahrstreifenbreite abgebildet werden. Selbst ohne eine digitale Karte ist es möglich, grundsätzliche Erwartungen durch Terme $P(\boldsymbol{X}_k = \mathbf{X}_k^i)$ auszudrücken. Wird z. B. erwartet, dass Hypothesen mit hin- und herknickenden Segmenten seltener dem Zustand $\mathbf{X}_k$ entsprechen als Hypothesen, welche gerade verlaufen oder gleichmäßig gekrümmt sind, so lässt sich das durch eine entsprechende Wahl von $P(\boldsymbol{X}_k = \mathbf{X}_k^i)$ modellieren. Um einen größtmöglichen Bezug zwischen Interpretationsergebnis und Bildsignal zu gewährleisten, wurde auf die Modellierung dieser grundsätzlichen Erwartungen im Rahmen der vorliegenden Arbeit jedoch verzichtet.

Die hier diskutierte Bereitstellung des Ergebnisses $P(\boldsymbol{X}_k = \mathbf{X}_k^i|\mathbb{Y}_k)$ erfordert die Auswertung aller Suchbereiche aller Segmente. Abschnitt 3.9 diskutiert die Anwendung eines Verfahrens, das eine aussagekräftige Auswertung mit weniger Rechenaufwand bewerkstelligt. Die Bereitstellung der für die Auswertung von Gl. 3.9 erforderlichen Wahrscheinlichkeiten $P(\boldsymbol{X}_k = \mathbf{X}_k^i|\mathbb{Y}_{k-1})$ wird in Abschnitt 3.8 diskutiert.

3.6 Modellierung mehrerer Fahrstreifen der kreuzenden Fahrtrichtung

Markierte Fußgängerfurte, Fahrradfahrstreifen und Kraftfahrzeugfahrstreifen kreuzen möglicherweise den eigenen Fahrstreifen. Wie in Abschnitt 1.2 beschrieben, ist die Wahrnehmung dieser kreuzenden Elemente einer innerstädtischen

Kreuzung für das ganzheitliche Verständnis der Verkehrssituation unerläßlich. Diese Elemente unterscheiden sich möglicherweise in ihrem Typ, weisen jedoch dieselbe Orientierung auf. Aus der Übereinstimmung in dieser wesentlichen Eigenschaft entsteht die Motivation, eine gemeinsame Modellierung zu entwickeln. Für die Modellierung der aneinandergereihten Anordnung von Fußgängerfurt, Fahrradfahrstreifen und Kraftfahrzeugfahrstreifen bietet sich eine Verkettung atomarer Segmente an. Bild 3.9 veranschaulicht beispielhaft ein Segment mit Startpunkt, Endpunkt, Segmentlänge $l^{\mathbf{s}_k}$, Segmentbreite $b^{\mathbf{s}_k}$ und Suchbereich $\mathbf{m}^{\mathbf{s}_k}$ im Koordinatensystem (X_k,Y_k,Z_k). Ein Segment der kreuzenden Fahrstreifen ist durch die vektorwertige Größe $\mathbf{s}_k = [\beta^{\mathbf{s}_k}, b^{\mathbf{s}_k}, l^{\mathbf{s}_k}, Y^{\mathbf{s}_k}_{\text{Start}}, Z^{\mathbf{s}_k}_{\text{Start}}, t_k]^T$ beschrieben. Mehrere kreuzende Fahrstreifen werden modelliert, indem vier die-

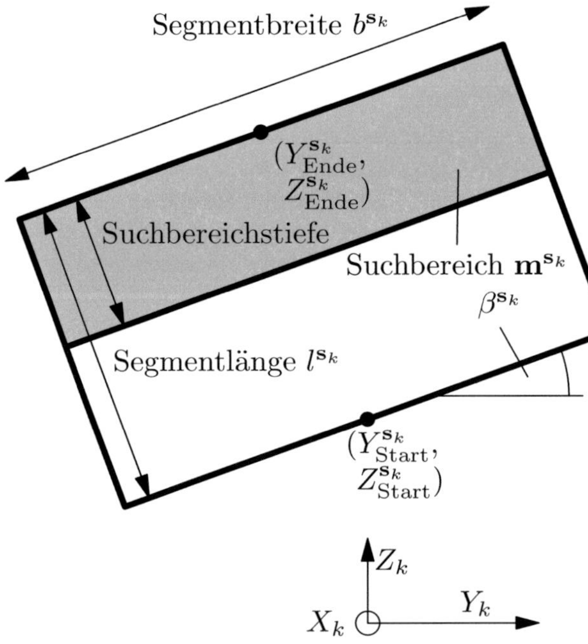

Bild 3.9: Ein Segment $\mathbf{s}_k$ der kreuzenden Fahrstreifen im Koordinatensystem (X_k,Y_k,Z_k).

ser Segmente aneinandergehängt werden. Die so entstandene Hypothese zur Beschreibung kreuzender Fahrstreifen wird mit der vektorwertigen Größe $\mathbf{x} = \left[\beta^{^1\mathbf{s}_k}, b^{^1\mathbf{s}_k}, l^{^1\mathbf{s}_k}, Y^{^1\mathbf{s}_k}_{\text{Start}}, Z^{^1\mathbf{s}_k}_{\text{Start}}, b^{^2\mathbf{s}_k}, l^{^2\mathbf{s}_k}, b^{^3\mathbf{s}_k}, l^{^3\mathbf{s}_k}, b^{^4\mathbf{s}_k}, l^{^4\mathbf{s}_k}, t_k\right]^T$ bezeichnet. Die Orientierung β des ersten Segments ist variabel modelliert. Zwischen den Segmenten wird keine Änderung der Orientierung zugelassen. Diese Gestaltung folgt direkt aus den Anforderungen realer Kreuzungsszenarien. In der Realität liegt nur selten eine deutliche Orientierungsabweichung zwischen benachbarten kreuzenden Fahrstreifen vor.

Die Segmentlänge ist variabel, um verschiedene Fahrstreifenbreiten und verschiedene Fahrstreifenabstände zu modellieren. Die Suchbereichstiefe wird so groß gewählt, dass der Suchbereich mindestens eine Bildzeile tief ist.

Entsprechend der Überlegungen von Abschnitt 3.1 werden die variablen Größen dieses Modells, d. h. die Orientierung des ersten Segments und die vier Segmentlängen, diskretisiert, um die Hypothesenmenge $\mathbb{x}$ der kreuzenden Fahrstreifen zu generieren. Der segmentweise Aufbau der Hypothesen und die damit verbundene schrittweise Spezialisierung der Hypothesen ermöglicht wiederum die Organisation der Hypothesen in einem Baum. Die erste Ebene dieses Baums spezifiziert die Orientierung β des ersten Segments. Alternative Segmente sind so gestaltet, dass die Suchbereiche aneinander anliegen d. h. sich nicht überlappen. Weil die Suchbereichstiefe in größeren Entfernungen steigt und die Segmentlänge auf sinnvolle Werte beschränkt ist, sinkt die Anzahl der Kindknoten pro Vaterknoten in größeren Entfernungen. Zusätzlich zu den bereits beschriebenen Segmenten wird jeweils die Fortsetzungsmöglichkeit mit einem Segment vom Typ „Nichts" modelliert. Das Segment „Nichts" besitzt eine Länge, jedoch keinen Suchbereich. Durch die Verkettung von vier Segmenten vom Typ „Nichts" wird der Fall darstellbar, dass sich das Fahrzeug gerade nicht im Kreuzungsbereich befindet, was im Sinne einer flexiblen, allgemeingültigen Lösung zur Wahrnehmung innerstädtischer Verkehrsszenarien interessant ist. Für die Darstellbarkeit dieses Falles würde es genügen, wenn eine Hypothese NNNN mit vier Segmenten vom Typ „Nichts" vorhanden wäre. Aus dem regelmäßigen Aufbau des Baumes folgt, dass mehrere solcher Hypothesen vorhanden sind. Diese Hypothesen haben grundsätzlich identische Wahrscheinlichkeiten und stellen jeweils die Aussage dar, dass keine kreuzenden Fahrstreifen vorhanden sind. Bild 3.10 illustriert den Baum zur Verwaltung der Hypothesen der kreuzenden Fahrstreifen, wobei wiederum nur die Kinder eines Knotens stellvertretend für die gesamte jeweilige Ebene des Baums gezeigt sind. Die für diese Darstellung ausgewählte Hypothese ist durch den blauen Streckenzug gekennzeichnet. Die Bezeichnung „F" kennzeichnet ein Segment mit einem Suchbereich, in dem eine Markierung erwartet wird. „N" kennzeichnet die Segmente, die einen Bereich ohne Markierung modellieren.

Aus der Abtastung der Orientierung könnten Bereiche im Bild entstehen, die bei der Auswertung nicht betrachtet werden. Dies wird verhindert, indem die Segmentbreite so gewählt wird, dass die Hypothesen den gesamten Bereich der Fahrbahnebene abdecken.

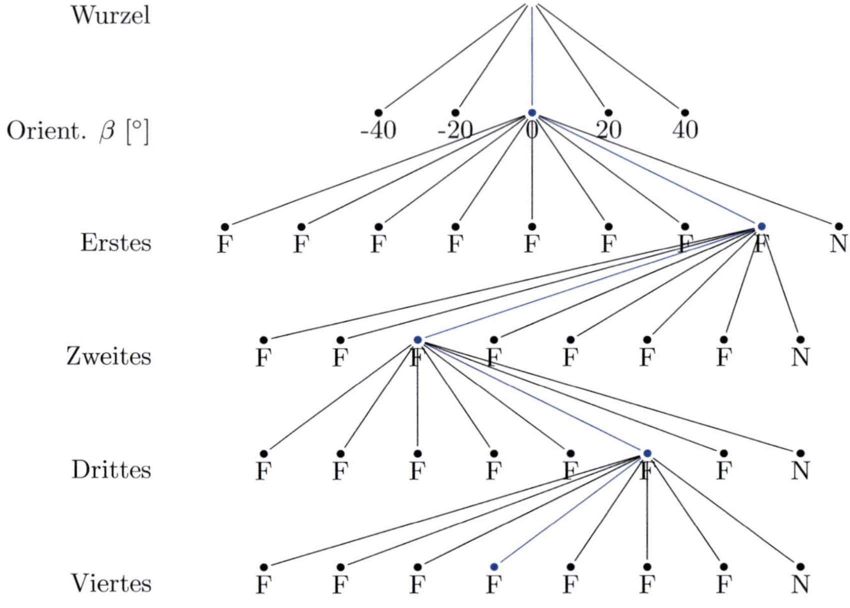

Bild 3.10: Darstellung des Baums der kreuzenden Fahrstreifen. Erläuterungen sind im Text zu finden.

Im Rahmen der vorliegenden Arbeit wird die vorliegende Fahrstreifenklasse (d. h. z. B. „Fußgängerfurt") nicht entschieden. Es wäre jedoch einfach, die Strichlänge und die Lückenlänge der Markierungen zu messen. Gemeinsam mit der gemessenen Fahrstreifenbreite wäre eine Klassifikation der vorliegenden Fahrstreifenklasse möglich, wie das in [Duchow 2005] demonstriert wurde.

Die Interpretation des Bildes erfolgt entsprechend den Ausführungen in Abschnitt 3.5, welche sich direkt übertragen lassen. Die Menge $\mathbb{x}$ der Hypothesen der kreuzenden Fahrstreifen entspricht der Menge der möglichen Zustände eines verdeckten Markow-Prozesses. Ein Segment s eines kreuzenden Fahrstreifens generiert mit seinem Suchbereich eine Beobachtung $\mathbf{t}^{\mathrm{s}}$. Die Beobachtungen aller Suchbereiche zu einem Zeitpunkt t_k werden zusammengefasst zum Vektor der Beobachtungen $\mathbf{y}_k$. Die Wahrscheinlichkeit für eine konkrete Hypothese ergibt sich aus den Beobachtungen ähnlich Gl. 3.9.

Mit der vorgestellten Modellierung ist es gelungen, mehrere kreuzende Fahrstreifen gemeinsam so zu modellieren, dass eine maschinelle Wahrnehmung mit einer Behandlung der Messunsicherheit und einer Anwendung einer Bayes'schen zeitlichen Verfolgung entsprechend der Argumentation in Abschnitt 3.1 theoretisch möglich ist. Der nächste Abschnitt wendet die Repräsentation kreuzender Fahrstreifen auf reale Kreuzungsgeometrien an.

3.7 Anwendung auf reale Kreuzungsgeometrien

Die im letzten Abschnitt entwickelte Modellierung wird im Folgenden auf ihre Praxistauglichkeit hin untersucht. Entsprechend dem Vorgehen in Abschnitt 3.4 wurden digitale Karten von vier innerstädtischen Kreuzungen in Stuttgart erstellt, indem die Verläufe realer Fahrstreifen aus Luftbildern extrahiert wurden. Das Weltkoordinatensystem (X_k,Y_k,Z_k) wurde an ausgewählten Punkten auf diesen Karten positioniert. Die Verläufe der kreuzenden Fahrstreifen auf diesen Kreuzungen sind in Bild 3.11 wiedergegeben:

(a) illustriert ein Abbiegemanöver von „Am Kochenhof" in die „Stresemannstraße".

(b) zeigt ein Abbiegemanöver von der „Mühlhäuser Straße" in den „Seeblickweg".

(c) gibt ein Abbiegemanöver von der „Hedelfinger Straße" in die „Otto-Konz-Brücken" wieder.

(d) illustriert schließlich die Überquerung der Fußgängerfurt am nördlichen Ende der „Heilbronner Straße".

Die Anzahl der kreuzenden Markierungen in den so gewonnen Szenarien wurde auf vier Markierungen beschränkt, weil offensichtlich ist, dass ein Szenario mit fünf Markierungen nicht vollständig modelliert werden kann. Für die Untersuchung wurde der Abtastschritt Orientierung der modellierten kreuzenden Fahrstreifen entsprechend Bild 3.10 zu $\Delta_\beta = 20°$ gewählt. Die Schranke des Orientierungsfehlers bezüglich der kreuzenden Fahrstreifen war $\gamma^{\mathrm{S}} = 13°$.

Das Ergebnis der Untersuchung ist, dass die 10 getesteten Szenarien vollständig darstellbar sind. Die Realität weicht nicht wesentlich von den Annahmen der Modellierung ab. Fünf der getesteten Szenarien sind in Bild 3.12 dargestellt. Bild 3.12 (a) und Bild 3.12 (b) entsprechen den beiden Positionen aus Bild 3.11 (a). Bild 3.12 (c) entspricht Bild 3.11 (b) usw. Ein gestricheltes Segment bedeutet ein Segment vom Typ „Nichts".

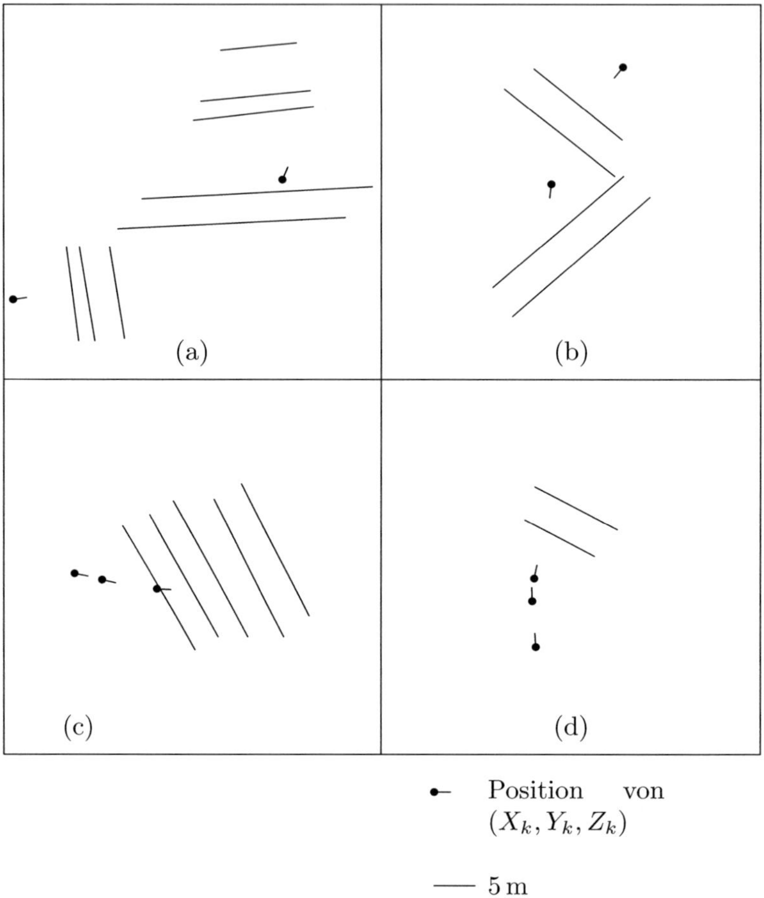

Bild 3.11: Zur Evaluierung der Repräsentation der kreuzenden Fahrstreifen getestete digitale Karten. Zu sehen sind die Markierungen kreuzender Fahrstreifen und die ausgewählten Positionen des Weltkoordinatensystems.

3.8 Zeitliche Verfolgung

Die für die Realisierung einer Bayes'schen zeitlichen Verfolgung erforderliche Prädiktion der Wahrscheinlichkeiten wird in diesem Abschnitt behandelt. Ziel ist die Bereitstellung der Wahrscheinlichkeiten $P(\boldsymbol{X}_k = \mathbf{X}_k^i | \mathbb{Y}_{k-1})$, um eine Auswertung von Gl. 3.9 zu ermöglichen.

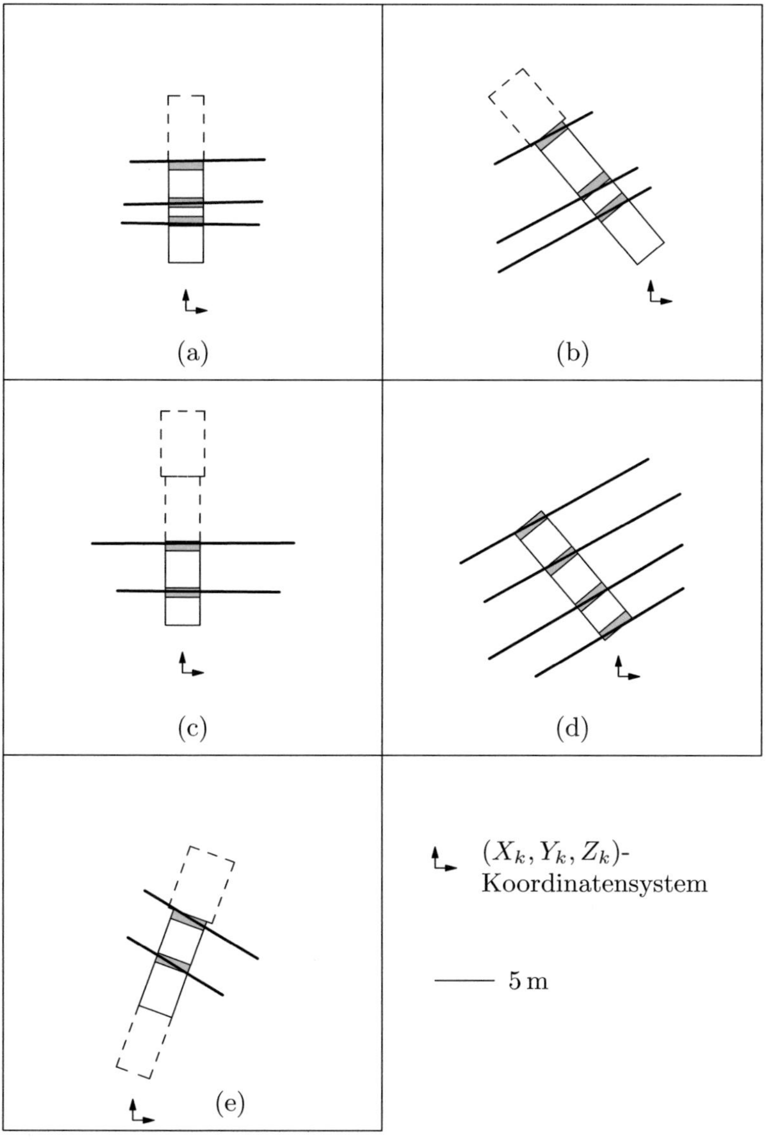

Bild 3.12: Eine Auswahl der getesteten Szenarien und die passenden Hypothesen.

Durch die Bewegung des Fahrzeugs über die Kreuzung geraten Umfeldbereiche in das Blickfeld, die im letzten Zeitschritt nicht betrachtet wurden. Ohne Nutzung einer zusätzlichen Informationsquelle wie z. B. einer digitalen Karte liegen keine Informationen über die Fahrstreifen in den neu hinzugekommenen Bereichen vor. Möglicherweise ändern sich die Eigenschaften der vorhandenen Fahrstreifen in diesen Bereichen. Die Änderungen werden als zufällig modelliert. Geringfügige Änderungen zu ähnlichen Eigenschaften werden als relativ wahrscheinlich bewertet, während sprunghafte Änderungen zu einer deutlich verschiedenen Ausprägung als unwahrscheinlich betrachtet werden. Aus diesen Überlegungen wird klar, dass eine Metrik zur Bewertung der Ähnlichkeit zweier Fahrstreifenhypothesen gefunden werden muss.

Dazu werden die Hypothesen $\mathbb{X}_{k-1}$ des letzten Zeitschritts im Weltkoordinatensystem (X_k, Y_k, Z_k) des aktuellen Zeitschritts dargestellt. Das bedeutet, die Bewegung des Fahrzeugs zwischen den Zeitschritten wird bei diesem Vergleich berücksichtigt. Dann bezeichnet $\Delta(\mathbf{X}^i_{k-1}, \mathbf{X}^j_k)$ die Distanz zwischen der i-ten Hypothese des letzten Zeitschritts, dargestellt im aktuellen Koordinatensystem (X_k, Y_k, Z_k), und der Hypothese $\mathbf{X}^j_k$ zum aktuellen Zeitpunkt. Da die zwischen zwei Bildaufnahmezeitpunkten zurückgelegte Strecke im Kreuzungsbereich deutlich kleiner ist als die Segmentlänge, kann der Vergleich auf der Basis der Segmente bzw. auf der Basis der Suchbereiche durchgeführt werden.

Dafür wird im Folgenden zunächst der Vergleich zweier Suchbereiche diskutiert. Durch die Vorwärtsbewegung des Fahrzeugs sind die zu vergleichenden Segmente gegeneinander in ihrer Längsrichtung verschoben. Diese Verschiebung beinhaltet jedoch keine Aussage bezüglich der Entwicklung des Zustands $\mathbf{X}_k$. Das zu entwickelnde Distanzmaß $\Delta(\mathbf{X}^i_{k-1}, \mathbf{X}^j_k)$ soll daher Abstände in Längsrichtung der betrachteten Segmente ignorieren. Um das zu erreichen, werden zum Vergleich zweier Suchbereiche die Distanzen von Start- und Endpunkt der Suchbereichsmittel**strecke** des einen Suchbereiches zur Suchbereichsmittel**geraden** des anderen Suchbereiches herangezogen. Diese Betrachtung wird auch umgekehrt durchgeführt, so dass der Vergleich symmetrisch ist. Das Distanzmaß $\delta((\mathbf{M}^1, \mathbf{M}^2))$ angewendet auf das Suchbereichspaar aus zwei allgemeinen Suchbereichen $\mathbf{M}^1$ und $\mathbf{M}^2$ ist gegeben durch Gl. 3.10.

$$\delta((\mathbf{M}^1, \mathbf{M}^2)) = \frac{1}{2}(a_{1,2} + e_{1,2} + a_{2,1} + e_{2,1}) \tag{3.10}$$

Bild 3.13 illustriert die Größen $a_{1,2}$ und $e_{1,2}$. Dabei bezeichnet $a_{1,2}$ die Entfernung des Anfangspunktes der Suchbereichsmittelstrecke von Suchbereich $\mathbf{M}^1$ zur Suchbereichsmittelgeraden von Suchbereich $\mathbf{M}^2$. Entsprechend bezieht sich $e_{1,2}$ auf den Endpunkt der Suchbereichsmittelstrecke.

Ein Unterschied $\delta_F = \max(F^{\mathbf{X}^i_{k-1}}, F^{\mathbf{X}^j_k}) - \min(F^{\mathbf{X}^i_{k-1}}, F^{\mathbf{X}^j_k}) \neq 0$ in der Fahrstreifenanzahl wird mit einem konstanten Distanzterm konst belegt. Für $\delta_F \neq 0$

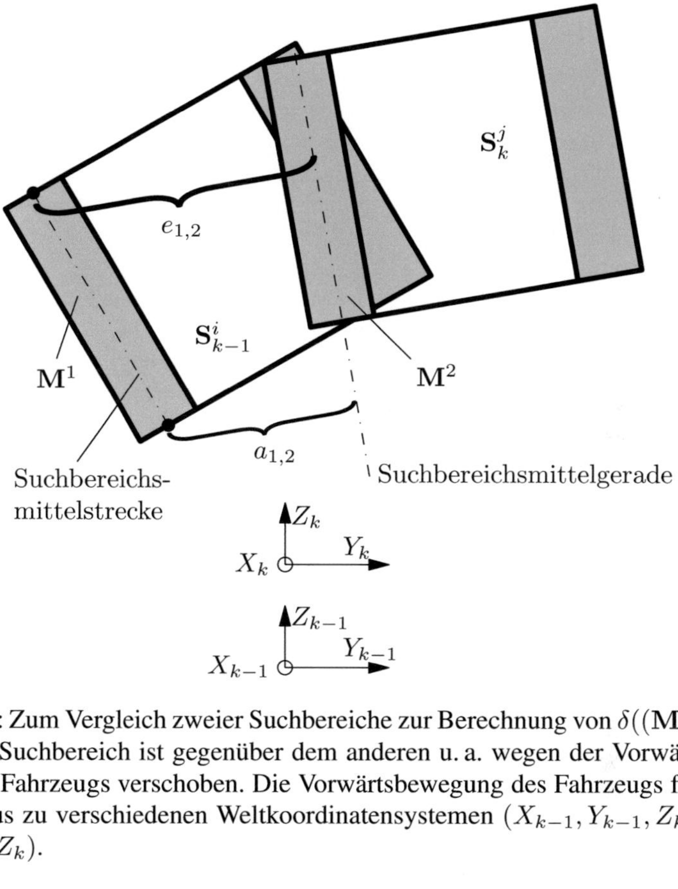

Bild 3.13: Zum Vergleich zweier Suchbereiche zur Berechnung von $\delta((\mathbf{M}^1, \mathbf{M}^2))$. Der eine Suchbereich ist gegenüber dem anderen u. a. wegen der Vorwärtsbewegung des Fahrzeugs verschoben. Die Vorwärtsbewegung des Fahrzeugs führt darüberhinaus zu verschiedenen Weltkoordinatensystemen $(X_{k-1}, Y_{k-1}, Z_{k-1})$ und (X_k, Y_k, Z_k).

ergeben sich mehrere Vergleichsmöglichkeiten. Der Vergleich wird auf der Basis der vorhandenen Fahrstreifen so durchgeführt, dass sich die kleinere Distanz $\Delta(\mathbf{X}_{k-1}^i, \mathbf{X}_k^j)$ ergibt. Für die Berechnung wird die Menge $\mathbb{P}$ der zu vergleichenden Suchbereichspaare gebildet. $\mathbf{P}$ bezeichnet ein Suchbereichspaar. Die Distanz $\Delta(\mathbf{X}_{k-1}^i, \mathbf{X}_k^j)$ zweier Hypothesen ergibt sich dann aus den Distanzen $\delta(\mathbf{P})$ und der Differenz zwischen den Fahrstreifenanzahlen entsprechend Gl. 3.11.

$$\Delta(\mathbf{X}_{k-1}^i, \mathbf{X}_k^j) = \sum_{\mathbf{P}\in\mathbb{P}} \delta(\mathbf{P}) + \delta_F \cdot \mathrm{konst} \tag{3.11}$$

Die Änderungen der Fahrstreifen zwischen aufeinanderfolgenden Zeitpunkten werden beschrieben durch die Wahrscheinlichkeiten $P(\boldsymbol{X}_k = \mathbf{X}_k^i | \boldsymbol{X}_{k-1})$ und entsprechend Gl. 3.12 gewählt. σ bezeichnet darin die üblicherweise zu erwartende Distanz $\Delta((\mathbf{X}_{k-1},\mathbf{X}_k))$ zwischen aufeinanderfolgenden Zuständen $\mathbf{X}_{k-1}$ und $\mathbf{X}_k$. Die Eigenschaften des realen Fahrstreifenverlaufs in einem gegebenen Kreuzungsabschnitt sind tatsächlich nicht mit der Zeit variabel. In der Realität ist nur der Verlauf in dem neu hinzugekommenen Kreuzungsabschnitt unsicher. Da der Zustand $\mathbf{X}_k$ jedoch nur die Fahrstreifenhypothesen $\mathbb{X}_k$ annehmen kann, nimmt die Distanz $\Delta((\mathbf{X}_{k-1},\mathbf{X}_k))$ üblicherweise solche Werte an, wie sie zwischen ähnlichen Hypothesen $\mathbf{X}_k^j$ und $\mathbf{X}_k^i$ auftritt. Sinnvolle Werte für σ werden also vor allem durch die Quantisierung und weniger durch die wirkliche Dynamik des realen Fahrstreifenverlaufs oder die zwischen zwei Bildaufnahmezeitpunkten zurückgelegte Strecke bestimmt. σ wird gewählt zu $2{,}0$. Für eine Hypothese mit fünf Segmenten und zwei Suchbereichen pro Segment entspricht das einem suchbereichsbezogenen $\delta((\mathbf{M}^1, \mathbf{M}^2)) = 0{,}2$, was einen sinnvollen Wert darstellt.

$$P(\boldsymbol{X}_k = \mathbf{X}_k^j | \boldsymbol{X}_{k-1} = \mathbf{X}_{k-1}^i) = \frac{1}{\sqrt{2\pi}\sigma} \exp - \frac{(\Delta(\mathbf{X}_{k-1}^i, \mathbf{X}_k^j))^2}{2\sigma^2} \tag{3.12}$$

Die theoretisch exakte zeitliche Verfolgung erfordert eine vollständige Auswertung entsprechend Gl. 3.1 für jede Hypothese $\mathbf{X}_k^i$. Diese Auswertung ist in jedem Zeitschritt neu durchzuführen, weil die zwischen den Aufnahmezeitpunkten zurückgelegten Strecken variieren. Im vorliegenden Anwendungsfall würde der Rechenaufwand jedoch sehr hoch werden. Daher wird die Bayes'sche zeitliche Verfolgung näherungsweise durchgeführt. Die Summierung entsprechend Gl. 3.1 wird nur für die n wahrscheinlichsten Hypothesen $\mathbf{X}_k^j, \quad j \in \{j_1, \ldots, j_n\}$ des letzten Zeitschritts durchgeführt. $\mathbb{J} = \{j_1, \ldots, j_n\}$ bezeichnet dabei die Menge der Indizes d. h. Blattnummern der n wahrscheinlichsten Hypothesen. $\mathbb{B}$ kennzeichne die restlichen Blattnummern. Für eine korrekte Umsetzung der näherungsweisen Berechnung dürfen die Wahrscheinlichkeitsanteile dieser restlichen Hypothesen nicht ignoriert werden, sondern werden über alle Hypothesen im neuen Zeitschritt verteilt. Dieser Schritt ist wichtig, um die Wahrscheinlichkeit der besten Hypothesen in Beziehung zu setzen zu den restlichen Wahrscheinlichkeitsanteilen. Gl. 3.13 beschreibt das Vorgehen formal. Der zweite Summand in Gl. 3.13 beschreibt die Wahrscheinlichkeitsanteile der nicht einzeln betrachteten Hypothesen. Eine vergleichbare Bayes'sche zeitliche Verfolgung wurde für die stereoskopische Bahnplanung in [Dang u. a. 2006] vorgestellt.

$$P(\boldsymbol{X}_k = \mathbf{X}_k^i | \mathbb{Y}_{k-1}) = \frac{\sum_{j \in \mathbb{J}} P(\boldsymbol{X}_k = \mathbf{X}_k^i | \boldsymbol{X}_{k-1} = \mathbf{X}_{k-1}^j) \cdot P(\boldsymbol{X}_{k-1} = \mathbf{X}_{k-1}^j | \mathbb{Y}_{k-1})}{\sum_{\nu=1}^{|\mathbb{X}|} \sum_{j \in \mathbb{J}} P(\boldsymbol{X}_k = \mathbf{X}_k^\nu | \boldsymbol{X}_{k-1} = \mathbf{X}_{k-1}^j) \cdot P(\boldsymbol{X}_{k-1} = \mathbf{X}_{k-1}^j | \mathbb{Y}_{k-1})} \cdot \sum_{j \in \mathbb{J}} P(\boldsymbol{X}_{k-1} = \mathbf{X}_{k-1}^j | \mathbb{Y}_{k-1}) + \frac{\sum_{r \in \mathbb{B}} P(\boldsymbol{X}_{k-1} = \mathbf{X}_{k-1}^r | \mathbb{Y}_{k-1})}{|\mathbb{X}_{k-1}|} \tag{3.13}$$

Auch für die Hypothesen der kreuzenden Fahrstreifen wird die zeitliche Verfolgung genähert. Die Bewegung des Fahrzeugs erfolgt jedoch senkrecht zu den kreuzenden Fahrstreifen, so dass die Umsetzung nicht im Detail vergleichbar ist. Da eine relative Verschiebung der Suchbereiche in kreuzender Richtung nicht auftritt, wird ein einfacheres Distanzmaß zum Vergleich der Suchbereiche verwendet. Die Distanz $\delta((\mathbf{m}^1, \mathbf{m}^2))$ zwischen zwei Segmenten der kreuzenden Fahrstreifen ist der euklidische Abstand zwischen den Endpunkten der Segmente, wobei mit Endpunkt der Punkt $(Y_{\text{Ende}}^{\mathbf{s}_k}, Z_{\text{Ende}}^{\mathbf{s}_k})$ aus Bild 3.9 gemeint ist. Der Vergleich zweier Hypothesen $\mathbf{x}_{k-1}^i$ und $\mathbf{x}_k^j$ erfolgt segmentweise, so dass die Distanz $\Delta(\mathbf{x}_{k-1}^i, \mathbf{x}_k^j)$ die Summe der segmentbezogenen Distanzen ist. Für den Vergleich wird die Hypothese $\mathbf{x}_{k-1}^i$ des letzten Zeitschritts im Koordinatensystem (X_k, Y_k, Z_k) des aktuellen Zeitschritts dargestellt und mit der Hypothese $\mathbf{x}_k^j$ verglichen.

Die kreuzenden Fahrstreifen werden vom Fahrzeug während seiner Bewegung über die Kreuzung überfahren, so dass die Fahrstreifen zunächst im Blickfeld erscheinen und es anschließend wieder verlassen. Daraus resultiert eine ständige Neuzuordnung zwischen vorhandenen Markierungen und den Segmenten, die die Fahrstreifen modellieren. Die systemtheoretische Deutung ist, dass sich der Systemzustand sprunghaft ändert, wenn eine Markierung das Blickfeld der Kamera verläßt. Eine Modellierung, die diese wesentliche Tatsache ignoriert, liefert vollständig falsche Ergebnisse, da die prädizierten Wahrscheinlichkeiten in jedem Zeitschritt von neuem falsch sind. Die Besonderheit der verschwindenden Markierungen lässt sich auf einfache und korrekte Weise dadurch berücksichtigen, dass eine Hypothese, deren erstes Segment in den nächsten Bildern verschwinden wird, zu den prädizierten Wahrscheinlichkeiten nichts beiträgt.

Dieser Abschnitt behandelte im Detail die Umsetzung der für eine Bayes'sche zeitliche Verfolgung notwendigen theoretischen Bausteine. Für die eigenen Fahrstreifen wurde ein Distanzmaß $\Delta(\mathbf{X}_{k-1}^i, \mathbf{X}_k^j)$ vorgestellt, das den Vergleich auf der Basis der Suchbereiche durchführt. Dabei ist es gelungen, die spezifischen Anforderungen im vorliegenden Anwendungsfall zu erfüllen und eine Verschiebung in

Längsrichtung der Segmente zu vernachlässigen. Die dadurch gesteigerte Qualität der Modellierung lässt sich sofort in den Ergebnissen im Vergleich zu einem anderen Distanzmaß nachweisen. Für die kreuzenden Fahrstreifen wurde die besondere Herausforderung des Verschwindens der Markierungen gelöst. Zusätzlich wurde die Bayes'sche zeitliche Verfolgung wirksam approximiert.

3.9 Anwendung eines effizienten Verfahrens

Die wesentlichen Herausforderungen der Aufgabenstellung werden im Rahmen des vorgestellten Verfahrens durch eine lokale und flexible Modellierung sowie eine ganzheitliche Interpretation des Bildsignals gelöst. Der auf die Wahrnehmungsaufgabe angewendete Algorithmus entspricht damit in seiner Mächtigkeit der Komplexität der Aufgabenstellung. Eine Durchführung des Algorithmus in Echtzeit ist mit den augenblicklich verfügbaren Rechnerkapazitäten jedoch nicht realisierbar. Dieser Abschnitt diskutiert daher die effiziente, approximative Bildinterpretation entsprechend dem in [Geman u. Jedynak 1996] vorgestellten Verfahren. Sowohl die Repräsentation der Fahrstreifen als auch das Beobachtungsmodell werden dabei nicht verändert, lediglich die Strategie zur Auswertung des Bildinhalts ist geschickter als die in Abschnitt 3.5 genannte vollständige Betrachtung des Bildinhalts. Die Ganzheitlichkeit der Auswertung wird durch das effiziente Verfahren prinzipiell nicht eingeschränkt.

Dieser Abschnitt stellt zunächst die Motivation und den Zusammenhang zu der in [Geman u. Jedynak 1996] vorgestellten Methode her. Es folgt eine Diskussion der effizienten Bildauswertung bezüglich der Fahrstreifen der eigenen Fahrtrichtung, wobei der zeitliche Zusammenhang zwischen Bildern nicht berücksichtigt wird. Es geht also lediglich um die approximative Bereitstellung des Ergebnisses $P(\boldsymbol{X}_k = \mathbf{X}_k^i|\mathbf{Y}_k)$. Die Nichtbetrachtung des zeitlichen Zusammenhangs ist sinnvoll, weil die zu untersuchende Anwendbarkeit des Verfahrens wesentlich durch die Eigenschaften der einzelnen Bilder bestimmt wird. Die Kombination des effizienten Verfahrens mit einer Bayes'schen zeitlichen Verfolgung für eine praktische Anwendung ist weiterhin möglich. Der Abschnitt endet mit einer Diskussion eines neuen Abbruchkriteriums. Für die detaillierte Herleitung des Verfahrens mit vielen Gleichungen und Beweisen sei auf [Geman u. Jedynak 1996] verwiesen.

Die Auswertung mit dem effizienten Verfahren ist nicht vollständig, sondern fokussiert und schrittweise, so dass pro Auswertungsschritt ein ausgewähltes Segment untersucht wird. Das im τ-ten Schritt der Auswertung untersuchte Segment ${}^j\mathbf{S}_k^i$ wird mit ${}_\tau\mathbf{S} = {}^j\mathbf{S}_k^i$ bezeichnet. Die Strategie zur Auswahl von ${}_\tau\mathbf{S} \in \mathbb{S}_k$ wird in den nächsten Absätzen diskutiert. Nach erfolgtem Schritt τ ist ${}_\tau\mathbb{S}_k$ die Menge der bereits untersuchten Segmente. Die dem Segment ${}_\tau\mathbf{S}$ zugehörige Beobachtung wird mit ${}_\tau\mathbf{T}$ bezeichnet. ${}_\tau\mathbb{T}$ bezeichnet die Menge der durch die Untersuchung entstandenen Beobachtungen, d. h. $|{}_\tau\mathbb{T}| = \tau$.

Die bereits untersuchten Segmente stellen Teilhypothesen dar. Mit ${}_i\mathbf{X}_k^j$ sei die Teilhypothese bezeichnet, die aus den ersten $i \in \{1,2,3,4\}$ Segmenten von $\mathbf{X}_k^j$ zusammengesetzt ist[4]. ${}_\tau\mathbb{X}_k$ bezeichnet die Menge der aus den untersuchten Segmenten ${}_\tau\mathbb{S}_k$ zusammengesetzten Teilhypothesen im τ-ten Schritt der Auswertung. Durch die Untersuchung der Segmente werden die Teilhypothesen ausgehend von der Wurzel fortschreitend spezialisiert, so dass als Ergebnis schließlich vollständig untersuchte Hypothesen vorliegen. Dabei geht das Verfahren nicht gleichmäßig vor, so dass typischerweise unterschiedlich weit spezialisierte Teilhypothesen in ${}_\tau\mathbb{X}_k$ vorliegen. Für eine Teilhypothese ${}_i\mathbf{X}_k^j \in_\tau \mathbb{X}_k$ folgt aus den Beobachtungen ${}_\tau\mathbb{T}$ die Wahrscheinlichkeit $P({}_i\mathbf{X}_k^j|\,{}_\tau\mathbb{T})$. Die Wahrscheinlichkeiten stellen die Abschätzung des exakten Ergebnisses basierend auf den vorgenommenen Tests dar. Die Qualität der Abschätzung wird mit zunehmendem τ tendenziell besser, allerdings ist die Verbesserung nicht monoton. Für $\tau = |\mathbb{S}_k|$ ergibt sich das exakte Ergebnis.

Im Folgenden wird die Auswahl des nächsten zu testenden Segments ${}_\tau\mathbf{S}$ diskutiert. Der Schritt $\tau - 1$ der Verarbeitung ist komplett abgeschlossen, und der neue Schritt τ wird als nächstes durchgeführt. Im Sinne der von der Wurzel fortschreitenden Spezialisierung kommen nur solche Segmente für den nächsten Test infrage, deren Vatersegment bereits getestet wurde. Das bedeutet, dass speziellere Merkmale der Ausprägung nicht untersucht werden, bis die allgemeineren Merkmale entschieden sind. ${}_\tau\mathbf{S}$ wird also aus der Menge ${}_\tau\mathbb{K}_k$ der Segmente ausgesucht, die eine mögliche Fortsetzung der bereits getesteten Teilhypothesen ${}_{\tau-1}\mathbb{X}_k$ darstellen. [Geman u. Jedynak 1996] stellt eine geschickte Strategie zur Priorisierung der Elemente in ${}_\tau\mathbb{K}_k$ durch Betrachtung ihres erwarteten Informationsgehaltes vor.

Der Informationsgehalt $I(m^i)$ einer Mitteilung $m^i : \mathbf{X}_k = \mathbf{X}_k^i$ über den Zustand $\mathbf{X}_k$ ist nach Gl. 3.14 gegeben durch den negativen Logarithmus der entsprechenden Wahrscheinlichkeit [Strutz 2005].

$$I(m^i) = -\log_2(P(\mathbf{X}_k^i|\,{}_\tau\mathbb{T})) \tag{3.14}$$

Eine Mitteilung m^i, die eine unwahrscheinliche Hypothese $\mathbf{X}_k^i$ als den korrekten Zustand $\mathbf{X}_k$ identifiziert, besitzt also einen hohen Informationsgehalt. Eine Mitteilung, die einen sicherlich korrekten Zustand $\mathbf{X}_k^i$ mit einer Wahrscheinlichkeit von

[4]Diese Bezeichnung benennt die Teilhypothesen dadurch, dass vollständige Hypothesen referenziert werden. Dieselbe Teilhypothese lässt sich aber durch verschiedene vollständige Hypothesen referenzieren. Die Bezeichnung ist damit also nicht eindeutig. Daraus entsteht jedoch kein Fehler.

$P(\mathbf{X}_k^i|\,_\tau\mathbb{T}) = 1{,}0$ als den korrekten Zustand nennt, enthält dagegen keine Information. Der Erwartungswert $E\{I(m)\}$ des Informationsgehalts einer beliebigen Mitteilung $m \in \{m^1, \ldots, m^{|\mathbb{X}_k|}\}$ wird auch als Entropie $H(P(\mathbf{X}_k^i))$ bezeichnet und ist durch Gl. 3.15 gegeben.

$$H(P(\mathbf{X}_k^i|\,_\tau\mathbb{T})) = E\{I(m)\} = -\sum_{i=1}^{|\mathbb{X}_k|} P(\mathbf{X}_k^i|\,_\tau\mathbb{T}) \cdot \log_2(P(\mathbf{X}_k^i|\,_\tau\mathbb{T})) \quad (3.15)$$

Aus Gl. 3.15 ist ersichtlich, dass $0 \leq H(P(\mathbf{X}_k^i|\,_\tau\mathbb{T}))$ grundsätzlich gilt. Es ist $H(P(\mathbf{X}_k^i|\,_\tau\mathbb{T})) = 0$ für den Fall, dass die Bildinterpretation eine eindeutige Aussage mit $P(\mathbf{X}_k^i|\,_\tau\mathbb{T}) = 1$ für ein $i \in \{1, \ldots, |\mathbb{X}_k|\}$ erzeugt hat. Eine Gleichverteilung $P(\mathbf{X}_k^i|\,_\tau\mathbb{T}) = \frac{1}{|\mathbb{X}_k|}\ \forall i \in \{1, \ldots, |\mathbb{X}_k|\}$ besitzt die größtmögliche Entropie. Da die größtmögliche Entropie von der Anzahl der möglichen Zustände $|\mathbb{X}_k|$ abhängt, wird für eine allgemeine Vergleichbarkeit die normierte Entropie $H_\mathrm{n}(P(\mathbf{X}_k^i|\,_\tau\mathbb{T}))$ nach Gl. 3.16 eingeführt [Rinne 2008].

$$H_\mathrm{n}(P(\mathbf{X}_k^i|\,_\tau\mathbb{T})) = -\frac{1}{\log_2(|\mathbb{X}_k|)} \sum_{i=1}^{|\mathbb{X}_k|} P(\mathbf{X}_k^i|\,_\tau\mathbb{T}) \cdot \log_2(P(\mathbf{X}_k^i|\,_\tau\mathbb{T})) \quad (3.16)$$

Diese Betrachtungen führen zu dem Schluß, dass aussagekräftige Wahrscheinlichkeiten $P(\mathbf{X}_k^i|\,_\tau\mathbb{T})$ eine vergleichsweise niedrige Entropie besitzen. Diese Erkenntnis wird dazu benutzt, auf der Basis der vorliegenden Beobachtungen $_\tau\mathbb{T}$ das Segment für den nächsten Test auszuwählen, von dem erwartet wird, dass die ihm zugeordnete Beobachtung zu den Wahrscheinlichkeiten $P(_i\mathbf{X}_k^j|\,_\tau\mathbb{T})$ mit der kleinsten Entropie führt. Das bedeutet, es wird das Segment zum Test ausgesucht, das erwartungsgemäß am informativsten ist, also den größten Informationsgehalt besitzt. Diese Strategie soll möglichst schnell zu aussagefähigen Ergebnissen führen.

Es ist zu bemerken, dass das zum Test ausgesuchte Segment nicht in jedem Fall die Erwartungen erfüllt. Die resultierenden Wahrscheinlichkeiten $P(_i\mathbf{X}_k^j|\,_\tau\mathbb{T})$ können sogar eine größere Entropie besitzen statt einer niedrigeren. Das Segment wird lediglich nach den Erwartungen bezüglich des Testergebnisses ausgesucht, aber die Erwartungen werden möglicherweise nicht erfüllt. Es ist sogar denkbar, dass die Entropie über mehrere Auswerteschritte deutlich fällt und danach über mehrere Auswerteschritte wieder wächst.

Selbstverständlich ergibt sich durch die Berechnung von $P(_i\mathbf{X}_k^j|\,_\tau\mathbb{T})$ und die zusätzliche Suche nach dem informativsten Segment in jedem Schritt ein Mehraufwand. Für den Fall, dass sich die Beobachtungen der verschiedenen Segmente nicht vollständig widersprechen, können mit diesem Verfahren trotz des Mehraufwands wesentliche Effizienzgewinne realisiert werden. Eine Beschleunigung um einen Faktor 50 ist für gutmütige Aufgabenstellungen ohne weiteres denkbar. Diese Leistungssteigerung ist die Motivation für die Untersuchung im Zusammenhang der vorliegenden Aufgabenstellung.

Es stellt sich die Frage, ob die Bildsignale typischerweise für eine effiziente Auswertung geeignet sind. Beschreibt das Ergebnis $P({}_i\mathbf{X}_k^j|\,{}_\tau\mathbb{T})$ nach relativ wenigen Auswerteschritten die wesentlichen Eigenschaften von $P(\mathbf{X}_k^j|\mathbf{Y}_k)$ korrekt? Sind die Bildinhalte möglicherweise zu widersprüchlich für eine erfolgreiche approximative Auswertung? Welche Relevanz besitzt das theoretisch mögliche Szenario, dass die Entropie wieder wächst, nachdem sie bereits deutlich gefallen war? Diese Fragen werden in Abschnitt 5.2 anhand einiger Experimente beantwortet. Die theoretische Diskussion in diesem Abschnitt wird exemplarisch anhand der Fahrstreifen der eigenen Fahrtrichtung durchgeführt.

Für die Durchführung der Experimente wird ein weiterer theoretischer Baustein benötigt. Das diskutierte Verfahren wertet den Bildinhalt nicht vollständig aus, also muss ein Abbruchkriterium zur Anwendung kommen. [Geman u. Jedynak 1996] bricht das Verfahren ab, sobald das Ergebnis $P({}_i\mathbf{X}_k^j|\,{}_\tau\mathbb{T})$ eines der Elemente des Lösungsraumes als deutlich wahrscheinlicher ausweist als seine Alternativen. Im Zusammenhang von [Geman u. Jedynak 1996] nehmen die entsprechenden Wahrscheinlichkeiten Werte von fast 1 an. Diese eindeutigen Wahrscheinlichkeitswerte sind teilweise in der Länge der Hypothesen begründet. Die Hypothesenlänge im Zusammenhang von [Geman u. Jedynak 1996] kann 100 Segmente betragen, wodurch sich eine sichere Aussage ergibt.

Im Zusammenhang der vorliegenden Wahrnehmungsaufgabe sind die Resultate $P({}_i\mathbf{X}_k^j|\,{}_\tau\mathbb{T})$ weniger eindeutig, so dass sie nicht unmittelbar geeignet sind, den Fortschritt der Auswertung zu bestimmen. Für die Anwendung auf die vorliegende Wahrnehmungsaufgabe muss also zunächst ein geeignetes Abbruchkriterium gefunden werden. Der ideale Zeitpunkt, abzubrechen, ist gegeben durch den Moment, in dem die wesentlichen Eigenschaften der vorliegenden Situation erkannt sind und eine weitere Untersuchung keine maßgebliche Information mehr entdecken würde. Der Abbruch zu diesem Zeitpunkt ist gerechtfertigt, weil das Ziel erreicht ist. Für eine Umsetzung muss eine Beschreibung im Rahmen der Theorie gefunden werden. Die wesentlichen Eigenschaften der vorliegenden Situation sind tatsächlich dann erfasst, wenn genügend Hypothesen entsprechend $P({}_i\mathbf{X}_k^j|\,{}_\tau\mathbb{T})$ so wahrscheinlich sind, dass die restlichen Hypothesen, die z. T. noch nicht vollständig untersucht wurden, in jedem Fall nur noch eine geringere Wahrscheinlichkeit annehmen können. Das bedeutet, dass die auf den unvollständig getesteten Hypothesen bereits durchgeführten Tests eher negativ verliefen und dass diese Hypothesen selbst dann nicht mehr die wahrscheinlichsten Hypothesen „einholen“ könnten, wenn sämtliche ihrer verbliebenen Tests positiv verliefen.

Das gefundene Abbruchkriterium erfüllt die zusätzliche Randbedingung, dass es sich relativ einfach umsetzen lässt. Zur Diskussion wird im Folgenden auf die Integration der Beobachtung ${}_\tau\mathbf{T}$ in die Wahrscheinlichkeiten $P({}_i\mathbf{X}_k^j|\,{}_{\tau-1}\mathbb{T})$ im τ-ten Schritt der Untersuchung eingegangen. Es wird eine vollständige Hypothese ${}_5\mathbf{X}_k^\nu$ und eine Teilhypothese ${}_i\mathbf{X}_k^\zeta$ betrachtet. Im Schritt τ wurde das i-te Segment der Teilhypothese ${}_i\mathbf{X}_k^\zeta$ untersucht. Stellvertretend für alle von ${}_i\mathbf{X}_k^\zeta$ abstammenden vollständigen Hypothesen wird die Hypothese ${}_5\mathbf{X}_k^\zeta$ untersucht. Die Diskussion wird zeigen, unter welchen Bedingungen ausgeschlossen werden kann, dass Hypothese ${}_5\mathbf{X}_k^\zeta$ bei weiterem Fortschritt der Untersuchung wahrscheinlicher wird als ${}_5\mathbf{X}_k^\nu$. Zur Veranschaulichung zeigt Bild 3.14 die Hypothesen ${}_5\mathbf{X}_k^\nu$ und ${}_5\mathbf{X}_k^\zeta$ sowie die Teilhypothese ${}_i\mathbf{X}_k^\zeta$. Die bereits erfolgten Segmenttests sind durch das wiedergegebene konkrete Verhältnis der Wahrscheinlichkeitsdichten bezeichnet. Zur zusätzlichen Verdeutlichung sind die noch nicht getesteten Segmente halbtransparent wiedergegeben. Die Wahrscheinlichkeit $P({}_i\mathbf{X}_k^\zeta|\,{}_\tau\mathbb{T})$ ergibt sich aus der Wahr-

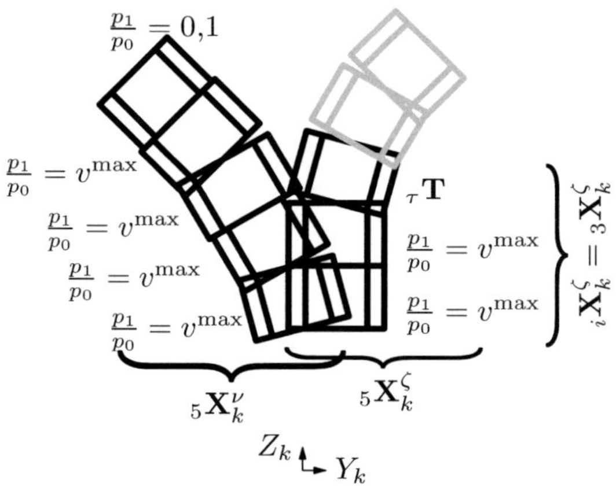

Bild 3.14: Zur Diskussion des gefundenen Abbruchkriteriums. Das Bild zeigt die Hypothesen ${}_5\mathbf{X}_k^\nu$ und ${}_5\mathbf{X}_k^\zeta$ sowie die Teilhypothese ${}_i\mathbf{X}_k^\zeta$. Weitere Erklärungen sind im Text zu finden.

scheinlichkeit $P({}_i\mathbf{X}_k^\zeta|\,{}_{\tau-1}\mathbb{T})$ entsprechend Gl. 2 auf S. 13 von [Geman u. Jedynak 1996], welche hier als Gl. 3.17 wiederholt wird. Dabei ist $v({}_\tau\mathbf{T}) = \frac{p_1({}_\tau\mathbf{T})}{p_0({}_\tau\mathbf{T})}$ das Verhältnis der Wahrscheinlichkeitsdichten zu der Beobachtung ${}_\tau\mathbf{T}$. Es ist $\lambda^{-1} = \frac{1}{1+P({}_i\mathbf{X}_k^\zeta|\,{}_{\tau-1}\mathbb{T})\cdot(v({}_\tau\mathbf{T})-1)}$.

$$P({}_i\mathbf{X}_k^\zeta|\,{}_\tau\mathbb{T}) = P({}_i\mathbf{X}_k^\zeta|\,{}_{\tau-1}\mathbb{T}) \cdot \lambda^{-1} \cdot v({}_\tau\mathbf{T}) \tag{3.17}$$

Gl. 3.18 wiederholt Gl. 1 auf S. 13 von [Geman u. Jedynak 1996] zur Aktualisierung der Wahrscheinlichkeit $P({}_5\mathbf{X}_k^\nu|\,{}_{\tau-1}\mathbb{T})$.

$$P({}_5\mathbf{X}_k^\nu|\,{}_\tau\mathbb{T}) = P({}_5\mathbf{X}_k^\nu|{}_{\tau-1}\mathbb{T}) \cdot \lambda^{-1} \tag{3.18}$$

Für den Fall, dass die Beobachtung ${}_\tau\mathbf{T}$ typisch für das Vorhandensein eines Fahrstreifens ist, wächst die Wahrscheinlichkeit der Teilhypothese ${}_i\mathbf{X}_k^\zeta$ entsprechend Gl. 3.17. Für den Fall, dass die Beobachtung untypisch für das Vorhandensein eines Fahrstreifens ist, fällt die Wahrscheinlichkeit.

Für den Fall, dass die Beobachtung ${}_\tau\mathbf{T}$ untypisch für das Vorhandensein eines Fahrstreifens ist, gilt $1 + P({}_i\mathbf{X}_k^\zeta|\,{}_{\tau-1}\mathbb{T}) \cdot (v({}_\tau\mathbf{T}) - 1) < 1$ und die Wahrscheinlichkeit der konkurrierenden Hypothese ${}_5\mathbf{X}_k^\nu$ steigt entsprechend Gl. 3.18.

Eine Beobachtung, die einem Segment zugeordnet ist, das zu keiner der zu vergleichenden Hypothesen gehört, spielt bezüglich des Vergleichs keine Rolle.

Eine Betrachtung der Gl. 3.17 und 3.18 zeigt, dass sie bis auf den Faktor $v({}_\tau\mathbf{T})$ übereinstimmen. Mit den verfügbaren Wahrscheinlichkeiten $P({}_5\mathbf{X}_k^\nu|\,{}_\tau\mathbb{T})$ und $P({}_i\mathbf{X}_k^\zeta|\,{}_\tau\mathbb{T})$, dem maximalen Wert für das Verhältnis der Wahrscheinlichkeitsdichten $v^{\max} = \max \frac{p_1({}_\tau\mathbf{T})}{p_0({}_\tau\mathbf{T})}$ und der Anzahl $K^{{}_i\mathbf{X}_k^\zeta}$ der von ${}_i\mathbf{X}_k^\zeta$ abstammenden vollständigen Hypothesen ist dann eine Abschätzung möglich, ob eine von ${}_i\mathbf{X}_k^\zeta$ abstammende Hypothese ${}_5\mathbf{X}_k^\zeta$ wahrscheinlicher werden kann als ${}_5\mathbf{X}_k^\nu$. Dies ist dann gegeben, wenn Ungleichung 3.19 erfüllt ist. κ ist dabei die Anzahl der restlichen Segmenttests auf Hypothese ${}_5\mathbf{X}_k^\zeta$, d. h. $\kappa = 5 - i$.

$$P({}_i\mathbf{X}_k^\zeta|\,{}_\tau\mathbb{T}) \cdot (v^{\max})^\kappa \cdot \frac{1}{K^{{}_i\mathbf{X}_k^\zeta}} \cdot \frac{1}{P({}_5\mathbf{X}_k^\nu|\,{}_\tau\mathbb{T})} > 1 \tag{3.19}$$

In der praktischen Umsetzung wird die Teilhypothese ${}_i\mathbf{X}_k^\zeta$ gesucht, für die $P({}_i\mathbf{X}_k^\zeta|\,{}_\tau\mathbb{T}) \cdot (v^{\max})^\kappa \cdot \frac{1}{K^{{}_i\mathbf{X}_k^\zeta}}$ maximal ist. Dieser Wert wird mit den Wahrscheinlichkeiten $P({}_5\mathbf{X}_k^\nu|\,{}_\tau\mathbb{T})$ der bereits vollständig getesteten Hypothesen verglichen. Damit ist bekannt, inwieweit die Rangfolge der wahrscheinlichsten Hypothesen endgültig fest steht. Die effiziente Berechnung wird als erfolgreich abgeschlossen betrachtet, wenn 10 Hypothesen in ihrer Rangfolge endgültig fest stehen.

Dieses Kriterium beschreibt die Bedingung für einen sinnvollen Abbruch. Es stellt sich die Frage, ob das Kriterium in der praktischen Anwendung realistischerweise erfüllt werden kann, so dass die Anwendung des effizienten Verfahrens einen Vorteil gegenüber der vollständigen Bearbeitung darstellt. Abschnitt 5.2 wird dazu Stellung nehmen.

4 Der Markierungsdetektor

4.1 Einleitung und Motivation

Nachdem das letzte Kapitel die Repräsentation der Fahrstreifen und die Wahrnehmung der Fahrstreifen unter Verwendung eines Tests auf die Anwesenheit von Markierungen behandelt hat, bespricht dieses Kapitel den verwendeten Test.

Die gewünschte **Funktionalität** des Tests besteht darin, einen gegebenen Suchbereich auf das **Vorhandensein einer möglicherweise gestrichelten Markierung** hin zu untersuchen. Dabei sind zwei **Herausforderungen** zu lösen. Das ist zum einen die Realisation eines hohen Grades an **Robustheit**, d. h. der Test soll trotz Beschädigungen an den Markierungen, extremer Schattenwürfe und hell beleuchteter Bereiche in der Lage sein, eine korrekte Antwort zu liefern. Um diese Herausforderung bewältigen zu können, müssen die einzelnen Pixel im Zusammenhang betrachtet werden. Idealerweise wird das Verfahren so gestaltet, dass die Erwartungen an typische Markierungen inherent in den möglichen Wahrnehmungsergebnissen berücksichtigt sind. D. h. generische Algorithmen wie z. B. eine einfache Konturerkennung oder Segmentierung sind nicht geeignet. Eine integrierte Betrachtung der Pixel unter Berücksichtigung der gültigen Erwartungen könnte jedoch aufgrund der Informationsfülle und der Komplexität des Parameterraums aufwändig sein. Andererseits muss der Test mit vertretbarem Aufwand durchgeführt werden können. In diesem Spannungsfeld aus Leistungsfähigkeit und Schnelligkeit muss ein passender Algorithmus entwickelt werden. Dieser muss eine Reduktion der Datenmenge bei weitgehendem Erhalt der relevanten Information durchführen. Die zweite Herausforderung besteht in einer **flexiblen Anwendbarkeit**, so dass beliebig orientierte und positionierte Suchbereiche behandelt werden können. Der Test soll demnach gerade nicht nur in der Vertikalen oder der Horizontalen arbeiten.

Im Folgenden wird ein Überblick über die gefundene Lösung gegeben. Die Diskussion bezieht sich auf die Fahrstreifen der eigenen Fahrtrichtung. Die Umsetzung für die kreuzenden Fahrstreifen ist identisch. Der Test erhält als Eingabe einen Suchbereich im Bild, dessen Form einem Rechteck in der Fahrbahnebene entspricht. Die Untersuchung des Suchbereiches erzeugt die Beobachtung $\mathbf{T} = [\Gamma, r]^T$. Dabei ist $\Gamma = |\alpha^{\mathbf{S}_k} - \psi| \in [0,\pi/2]$ der Betrag der Abweichung der Orientierung ψ der vorhandenen Markierung gegenüber der Orientierung $\alpha^{\mathbf{S}_k}$

des Suchbereiches. $r \in [0{,}1]$ bezeichnet die vorliegende Länge der Markierung im Suchbereich bezogen auf die Segmentlänge. $r = 1$ bedeutet eine durchgezogene Markierung im Suchbereich. Bild 4.1 illustriert Γ und $r \approx 0{,}6$. Die konzeptuelle Schnittstelle zu den in Kapitel 3 vorgestellten Verfahrensteilen besteht in der Bereitstellung der Wahrscheinlichkeitsdichten $p_0(\mathbf{T})$ und $p_1(\mathbf{T})$. Die Gestaltung der Funktionen $p_0(\boldsymbol{T})$ und $p_1(\boldsymbol{T})$ wird in Abschnitt 4.5 vorgestellt. Abschnitte 4.2 bis 4.4 diskutieren die Verarbeitungsschritte zur Bestimmung des Merkmalsvektors $\mathbf{T} = [\Gamma, r]^T$.

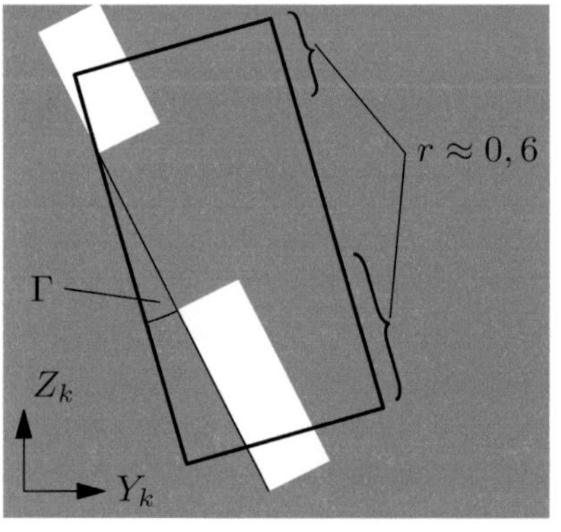

Bild 4.1: Veranschaulichung der durch den Test bestimmten Größen.

4.2 Datenreduktion

Entsprechend der Überlegungen aus dem letzten Abschnitt muss eine deutliche Reduktion der vorliegenden Daten bei weitgehendem Erhalt der relevanten Information durchgeführt werden. Durch die Betrachtung des Bildsignals in kleinen Nachbarschaften müssen die Pixel identifiziert werden, die möglicherweise eine Markierung darstellen. Damit wird erreicht, dass die ursprünglichen Bilddaten in der Folge nicht mehr betrachtet werden müssen und die Verarbeitung auf der Basis dieser Kandidatenpositionen fortschreiten kann.

Im letzten Abschnitt wurde gefordert, dass die Identifizierung der Kandidatenpositionen sinnvolle Erwartungen an das Erscheinungsbild einer Markierung berücksichtigt. Diese Erwartungen sind gegeben durch einen Bereich heller Pixel umgeben von dunklen Pixeln. Mit dem als bekannt angenommenen Nickwinkel und der als bekannt angenommenen Einbauhöhe der Kamera im Fahrzeug wird den Pixeln eine Position in der Fahrbahnebene zugeordnet. Es wird eine Markierungsbreite von $12\mathrm{cm}$ angenommen. Es wird ferner angenommen, dass die Orientierung der Markierung durch die Orientierung des zu testenden Suchbereichs gegeben ist. Mit diesen Überlegungen ist der grundsätzliche zweidimensionale Verlauf des erwarteten Bildsignals bestimmt. Die Umsetzung einer schnellen Verarbeitung wird durch die Ableitung eindimensionaler Signalmuster aus dem zweidimensionalen Verlauf ermöglicht. Die eindimensionalen Signalmuster werden zum Vergleich mit dem tatsächlich vorliegenden Bildsignal herangezogen und haben stets eine ungerade Pixelanzahl S. Der genaue Helligkeitswert der „dunklen" und „hellen" Pixel ist unbekannt. Die genaue Position einer möglicherweise vorhandenen Markierung im Suchbereich ist vor der Verarbeitung ebenfalls unbekannt.

Zum Vergleich vom erwarteten und tatsächlichen Bildsignal muss eine Metrik angewendet werden, die trotz der Unvollständigkeit der vorliegenden Information anwendbar ist. Der Korrelationskoeffizient $\rho\{I,J\}$ mit $-1 \leq \rho\{I,J\} \leq 1$ bestimmt die lineare Ähnlichkeit der zu vergleichenden Signale $I(s)$ und $J(s)$ und ist invariant gegenüber einem konstanten Signalanteil und einer Skalierung. Damit ist er ideal, um die mit den vorliegenden Kenntnissen gewonnenen Signalmuster mit dem tatsächlichen Bildsignal zu vergleichen. Gl. 4.1 liefert die mathematische Beschreibung [Schulze 2007]. Der Überstrich bedeutet den Mittelwert der Signalwerte $\bar{I} = \frac{1}{2 \cdot S+1} \sum_{s=-S}^{S} I(s)$.

$$\rho\{I,J\} = \frac{\sum_{s=-S}^{S}(J(s) - \bar{J})(I(s) - \bar{I})}{\sqrt{\sum_{s=-S}^{S}(J(s) - \bar{J})^2}\sqrt{\sum_{s=-S}^{S}(I(s) - \bar{I})^2}} \tag{4.1}$$

Aus der Invarianz gegenüber konstantem Signalanteil und Skalierung folgt, dass ein hoher Korrelationskoeffizient $\rho\{I,J\}$ nicht grundsätzlich einen deutlichen Helligkeitsunterschied bedeutet. Daher wird explizit eine deutliche Helligkeitsänderung im untersuchten Bildsignal gefordert. Falls die vorliegende Helligkeitsänderung nicht größer als eine Schranke $\Delta_{\mathrm{grau}}^{\mathrm{min}}$ ist, wird der berechnete Korrelationskoeffizient zu null gesetzt. Die weiterhin untersuchten Markierungskandidaten sind also die Pixel mit einem hohen Korrelationskoeffizienten und einer hohen Helligkeitsänderung in ihrer näheren Nachbarschaft.

Bild 4.2 zeigt ein Anwendungsbeispiel. Im linken Bildteil sind die in diesem Fall horizontal verlaufenden eindimensionalen Signalmuster wiedergegeben. Es ist klar zu erkennen, dass die Signalmuster grundsätzlich aus einer ungeraden Anzahl von Abtastpunkten bestehen und zum Horizont hin kürzer werden. Der mittlere Bildteil zeigt reale Messdaten. Im unteren Teil der Messdaten sind Bereiche zu erkennen, die eine hohe Ähnlichkeit mit dem Signalmuster aufweisen. Die Forderung einer hohen Helligkeitsänderung im tatsächlichen Bildsignal ist notwendig, um diese Bereiche als Markierungskandidaten auszuschließen. Der rechte Bildteil zeigt das Verarbeitungsergebnis, d. h. den Korrelationskoeffizienten, der sich durch die Korrelation der Signalmuster mit dem realen Bild ergibt, wenn zusätzlich eine deutliche Helligkeitsänderung gefordert wird. Helle Pixel bedeuten einen hohen Korrelationskoeffizienten.

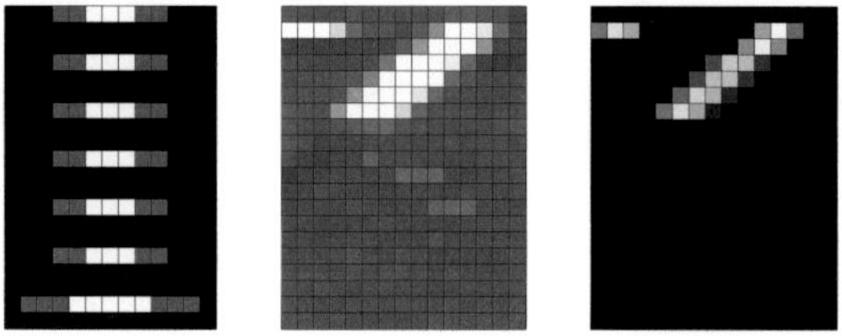

Bild 4.2: Anwendungsbeispiel der Korrelation. Gezeigt sind die in diesem Fall horizontal verlaufenden eindimensionalen Signalmuster, das Eingabebild sowie das Verarbeitungsergebnis. Diese Ergebnisse wurden mit $\Delta_{\text{grau}}^{\text{min}} = 30$ erzielt.

Der Vergleich wird durch die Bestimmung des Korrelationskoeffizienten des tatsächlichen Bildsignals mit einem erwarteten eindimensionalen Signalmuster durchgeführt. Der Korrelationskoeffizient wäre dann am aussagekräftigsten, wenn die eindimensionalen Signale, d. h. das Signalmuster und das reale Signal, entlang der Richtung gewonnen würden, die in der Welt senkrecht zur Markierung in der Fahrbahnebene liegt. Dieses Vorgehen wäre realisierbar. Es wäre am aussagekräftigsten, weil es die größte Signalvarianz bei kleinster Signallänge erzeugt. Die Modellierung wäre exakt und fehlerfrei.

Auf der anderen Seite ist das exakte Vorgehen sehr aufwändig, weil es für jeden Suchbereich neu ausgeführt werden muss. Zusätzlich ist es nicht notwendig, die Korrelation für jede mögliche Orientierung exakt durchzuführen, weil es ausreicht, die Korrelation in zwei Richtungen im Bild, beispielsweise horizontal und vertikal, durchzuführen. Jede real auftretende Markierung ist in mindestens einem der beiden resultierenden Bilder von Korrelationskoeffizienten erkennbar. Weil dabei eine reale, beliebig orientierte Markierung mit nur zwei ausgewählten Spezialfällen verglichen wird, ist der Vergleich nicht exakt. Es entsteht ein Fehler, weil die Abmessungen der realen Markierung im Bild in horizontaler und vertikaler Richtung nicht den angenommenen Abmessungen entsprechen. Folglich sind die auf diese Weise ermittelten Korrelationskoeffizienten nicht so hoch, wie sie es mit einer exakten Modellierung sein könnten. Trotz dieses Fehlers sind sie für eine Auswertung geeignet. Die näherungsweise Auswertung ist um Größenordnungen effizienter als die exakte. Die horizontale und vertikale Korrelation wird für jedes neue Bild einmal zu Beginn der Verarbeitung durchgeführt. Dabei wird eine parallel zur Z_k-Achse verlaufende Markierung für die horizontale Korrelation bzw. eine parallel zur Y_k-Achse verlaufende Markierung für die vertikale Korrelation angenommen. In der Folge bezeichnen $\rho_h(x,y)$ und $\rho_v(x,y)$ die Bilder des horizontalen bzw. vertikalen Korrelationskoeffizienten. Gl. 4.2 beschreibt die Berechnung des Bildes des horizontalen Korrelationskoeffizienten. Dabei ist $g(x,y)$ das Kamerabild, $\bar{g} = \frac{1}{2 \cdot S+1} \sum_{s=-S}^{S} g(x+s,y)$ ist der gemittelte Grauwert in dem betrachteten Bereich, $I^{\mathrm{M}}(s)$ ist das eindimensionale Mustersignal und $\bar{I}^{\mathrm{M}}$ ist das gemittelte Mustersignal.

$$\rho_h(x,y) = \frac{\sum_{s=-S}^{S}(g(x+s,y)-\bar{g})(I^{\mathrm{M}}(s)-\bar{I}^{\mathrm{M}})}{\sqrt{\sum_{s=-S}^{S}(g(x+s,y)-\bar{g})^2}\sqrt{\sum_{s=-S}^{S}(I^{\mathrm{M}}(s)-\bar{I}^{\mathrm{M}})^2}} \qquad (4.2)$$

Natürlich kann nur eines der Bilder $\rho_h(x,y)$ und $\rho_v(x,y)$ als eine gültige Näherung an die exakte Korrelation verstanden werden. Es wird ein Kriterium gebraucht, mit dem entschieden wird, welches der Bilder $\rho_h(x,y)$ und $\rho_v(x,y)$ für einen konkreten Suchbereich auszuwerten ist. Es soll die Korrelationsrichtung für die weitere Betrachtung ausgewählt werden, die geeigneter ist, die relevante Information zur Verfügung zu stellen. Es muss also eine Strategie gefunden werden, die Eignung einer Korrelationsrichtung zu quantifizieren.

Dabei lässt sich keine simple Entscheidungsgrenze im Sinne eines Orientierungsunterschiedes im Bild oder in der Welt o. ä. finden. Tatsächlich ist die Korrelationsrichtung geeigneter, deren Ergebnis für den Fall einer vorhandenen idealen Markierung eher mit dem exakten Korrelationskoeffizient übereinstimmt. Um festzustellen, welche Korrelationsrichtung das ist, wird die Annahme formuliert, dass reale Bild zeige eine ideale Markierung mit einer Position und Orientierung entsprechend dem zu testenden Suchbereich. Zu diesem idealen Bild wird für ein beispielhaftes Pixel die horizontale Korrelation und die vertikale Korrelation durchgeführt, wodurch sich die idealen Korrelationskoeffizienten ρ_v^{ideal} und ρ_h^{ideal} ergeben. Wenn beispielsweise die horizontale Korrelation für die Untersuchung des gegebenen Suchbereiches geeignet ist, dann wird sich für dieses ideale Bild ein hoher idealer horizontaler Korrelationskoeffizient ρ_h^{ideal} ergeben. Der exakte (nicht der ideale) Korrelationskoeffizient beträgt für ein ideales Bild 1.0. Um also die Korrelationsrichtung auszuwählen, die näher am exakten Ergebnis ist, ist jene zu betrachten, die den größeren idealen Korrelationskoeffizienten aufweist.

Liegt der Fall $\rho_v^{\mathrm{ideal}} = \rho_h^{\mathrm{ideal}}$ vor, so wird für die Wahrnehmung der Fahrstreifen der eigenen Fahrtrichtung der horizontale Korrelationskoeffizient verwendet. Für die Wahrnehmung der Fahrstreifen der kreuzenden Richtung wird im Falle der Identität $\rho_v^{\mathrm{ideal}} = \rho_h^{\mathrm{ideal}}$ der vertikale Korrelationskoeffizient verwendet. Auf diese Weise sind alle Einflüsse wie Entfernung Z_k, Ablage Y_k und Orientierung α indirekt und korrekt berücksichtigt. Für den linken Suchbereich eines Segments mit Konfiguration NFN und Ablage $Y_k = 0$ ergibt sich der in Bild 4.3 gezeigte ideale Korrelationskoeffizient ρ_v^{ideal} als Funktion der Variablen Z_k und α_k. Der Verlauf bedeutet, dass der vertikale Korrelationskoeffizient ρ_v nicht für geradeaus gerichtete Markierungen ($\alpha_k \approx 0$) in Fahrzeugnähe ($Z_k < 20\text{m}$) geeignet ist, sondern für mehr oder weniger kreuzende Markierungen. Besonders der gemeinsame Einfluß von Entfernung Z_k und Orientierung α_k auf die perspektivische Verzerrung des Suchbereiches ist gut in dem kurvenförmigem Übergang zwischen hohen und niedrigen Werten für den Korrelationskoeffizienten erkennbar. Der Verlauf ist nicht exakt symmetrisch bezüglich der Ebene $\alpha_k = 0$, weil sich der Suchbereich für eine positive Orientierung $\alpha_k > 0$ auf das Fahrzeug zu bewegt. Für $\alpha_k < 0$ bewegt sich der Suchbereich vom Fahrzeug fort.

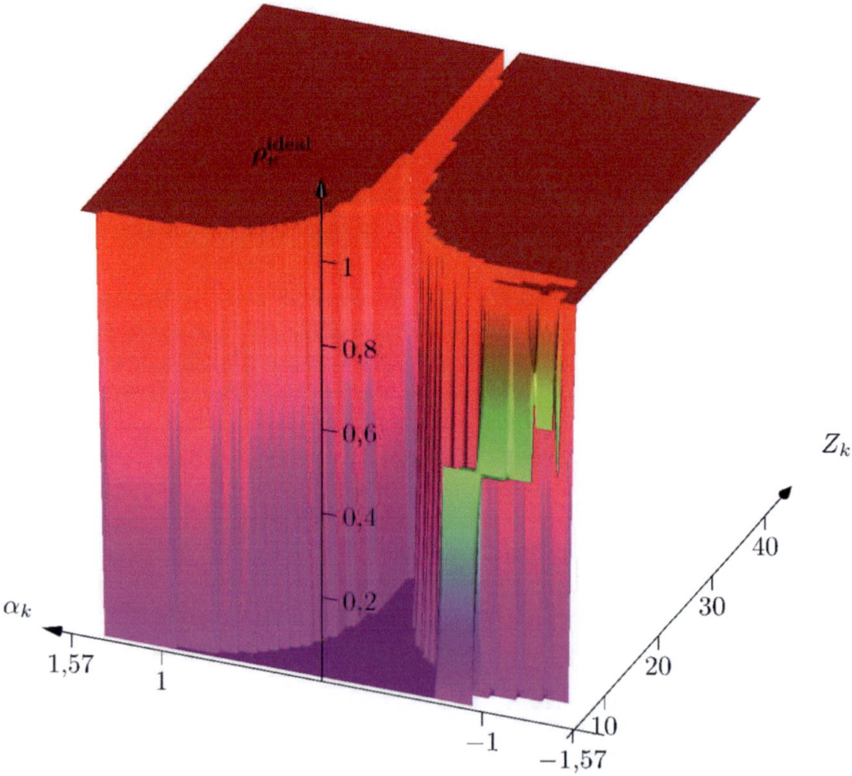

Bild 4.3: Verlauf des idealen vertikalen Korrelationskoeffizienten ρ_v^{ideal}.

Der Verlauf des idealen horizontalen Korrelationskoeffizienten ρ_h^{ideal} ist in Bild 4.4 gezeigt. Für größere α_k sinkt die Aussagefähigkeit des horizontalen Korrelationskoeffizienten. Die glockenförmigen Strukturen entstehen dadurch, dass die Größen der verwendeten Korrelationsmasken in Zweierschritten gestuft sind. Die Komplexität dieser Verläufe begründet, warum keine simple Entscheidungsgrenze bezüglich der Position und Orientierung des Suchbereiches gefunden werden kann. Die Entscheidung, welches der Bilder ρ_v^{ideal} und ρ_h^{ideal} für die Auswertung von einem gegebenen Suchbereich betrachtet werden soll, wird einmal pro Suchbereich getroffen und nicht für jedes Pixel untersucht. Damit ist diese Untersuchung nicht aufwändig. Das für die weitere Auswertung eines konkreten Suchbereiches zu betrachtende Bild von Korrelationskoeffizienten wird in der Folge allgemein mit $\rho(x,y)$ bezeichnet.

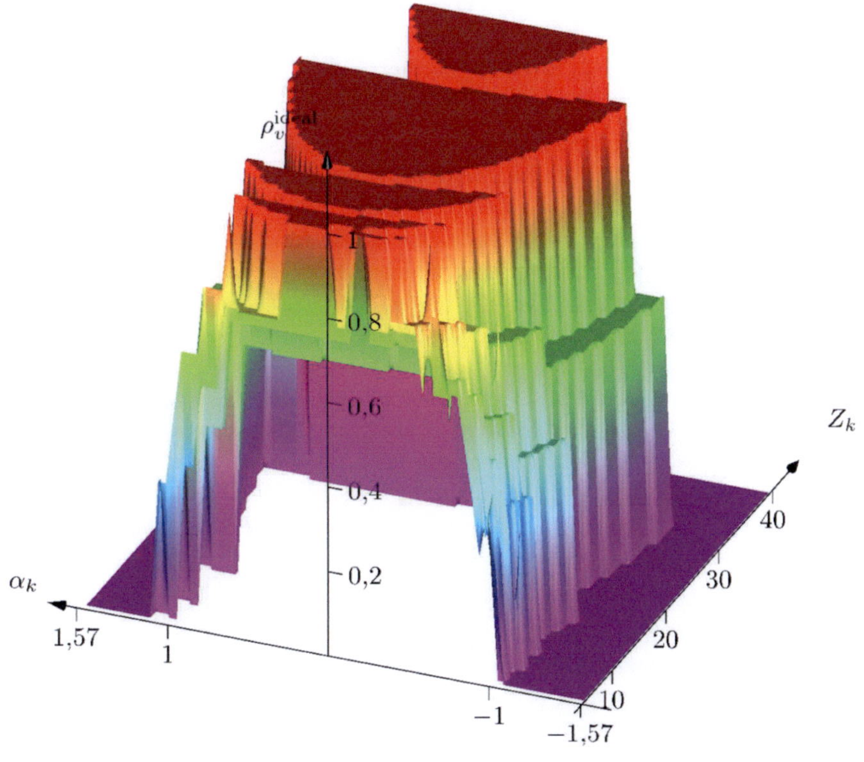

Bild 4.4: Verlauf des idealen horizontalen Korrelationskoeffizienten ρ_h^{ideal}.

Die in diesem Abschnitt diskutierte Verarbeitung stellt in dem Sinne eine Datenreduktion dar, dass die Pixel mit einem niedrigen Korrelationskoeffizienten $\rho(x,y)$ keine Rolle in der weiteren Verarbeitung spielen. Der nächste Abschnitt stellt eine Strategie zur integrierten Verarbeitung der verbliebenen Pixel vor.

4.3 Eine integrierte Verarbeitung des Signals

Bild 4.2 zeigt Pixel mit mittleren Werten sowie Pixel mit hohen Werten für den Korrelationskoeffizienten. Die Pixel mit mittleren Werten liegen u. a. typischerweise auf dem Rand der Markierung, statt mittig auf der Markierung. Zusätzlich sind möglicherweise falschpositive Markierungskandidaten vorhanden. Um die relevante Information weiter zu konzentrieren, soll die weitere Verarbeitung nur die Pixel mit dem höchsten der vorliegenden Werte betrachten. Dafür müssen die einzelnen Pixel zueinander in Beziehung gesetzt werden. Dabei kann sich eine zusätzliche Reduktion des Anteils an falschpositiven Kandidaten ergeben. Die Herausforderung besteht darin, trotz der Komplexität einer integrierten Betrachtung eine schnelle Verarbeitung zu gewährleisten.

Eine vollständig integrierte Betrachtung würde einen zweidimensionalen Zusammenhang durch die Formulierung eines zweidimensionalen Signalmodells herstellen, wie in [Duchow 2006] gezeigt. Um der Forderung nach einer schnellen Verarbeitung nachzukommen, wird stattdessen zunächst nur ein eindimensionaler Zusammenhang hergestellt. Die Richtung dieses eindimensionalen Zusammenhangs ist senkrecht zum Suchbereich in der Fahrbahnebene. Das Bild wird entlang dieser Richtung durch Strecken abgetastet [Bresenham 1965]. Wegen der perspektivischen Abbildung sind die Strecken i. a. nur näherungsweise parallel. Der Abstand der Strecken zueinander wird so gewählt, dass sich wenigstens in einem Punkt ein Abstand von exakt einer Pixelkantenlänge ergibt. Die Nichtparallelität der Strecken zueinander bedingt, dass es in geringem Maß dazu kommt, dass manche Pixel doppelt abgetastet bzw. überhaupt nicht abgetastet werden. Der Anteil der betroffenen Pixel ist jedoch gering. Es lassen sich keine Auswirkungen auf das Wahrnehmungsergebnis feststellen.

Auf jeder Strecke wird das Pixel mit dem höchsten Eintrag im Bild des Korrelationskoeffizienten $\rho(x,y)$ gesucht. Ist dieser höher als eine Schranke $\rho^{\min}$, so wird das Pixel auch im letzten Schritt der Verarbeitung, der im nächsten Abschnitt beschrieben wird, betrachtet, ansonsten nicht. Die Menge der so gefundenen Pixel ist mit $\mathbb{M} = \{(x^i,y^i), \quad i \in \{1,2,\ldots,N^{\mathrm{Beob}}\}\}$ bezeichnet. Auf die Anzahl der Abtaststrecken N^{Abtast} wird in Abschnitt 4.4 zurückgegriffen, um die Anzahl der endgültig gefundenen Markierungskandidaten dazu ins Verhältnis zu setzen.

Damit ist eine weitere Konzentration der relevanten Information durch eine integrierte Betrachtung des Signals mit vertretbarem Rechenaufwand gelungen. Bild 4.5 zeigt eine Veranschaulichung der Strecken für den linken Suchbereich eines Segments $\mathbf{S}_k$ mit der Konfiguration NFN, $Y_k = -0{,}3$, $Z = 12$, $\alpha_k = \pi \cdot 0{,}2$, $B^{\mathbf{S}_k} = 3{,}25$ und $L^{\mathbf{S}_k} = 1{,}0$. Pixel, die durch dieselbe Strecke abgetastet werden, sind durch identische Symbole und farblich gekennzeichnet. Es ist zu erkennen, dass einige der Pixel doppelt abgetastet werden.

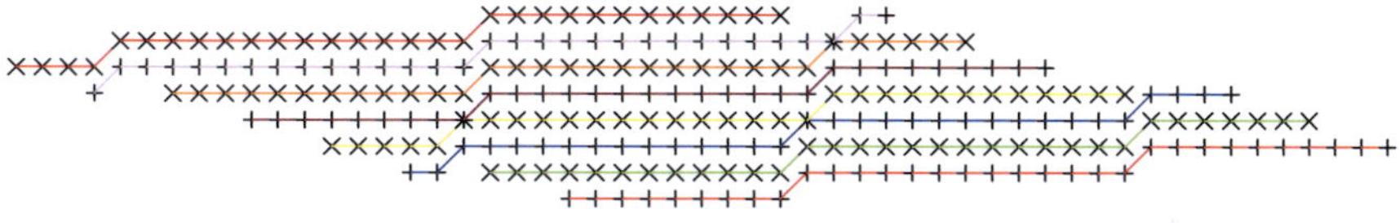

Bild 4.5: Veranschaulichung zur Einteilung des Suchbereiches in Streifen.

Bild 4.6 illustriert abschließend das Ergebnis der integrierten Betrachtung für den Bildausschnitt aus Bild 4.2. Dargestellt sind die Markierungskandidaten $\mathbb{M}$ als helle Pixel. Die restlichen Pixel sind grau dargestellt. Der beispielhaft getestete Suchbereich ist durch die farbig eingetragenen Abtaststrecken dargestellt. Der Vergleich mit Bild 4.2 zeigt, dass die Markierung präzise lokalisiert und der falschpositive Kandidat erfolgreich unterdrückt wurde. Die Unterdrückung von falschpositiven Kandidaten gelingt in diesem Verarbeitungsschritt nur dann, wenn der Korrelationskoeffizient $\rho(x,y)$ des falschpositiven Kandidaten nicht der größte seiner Abtaststrecke ist. Diese Tatsache folgt direkt aus der Entscheidung, die integrierte Betrachtung nur entlang der Abtaststrecken durchzuführen.

Die im nächsten Abschnitt beschriebene robuste Verarbeitung ist auch dann noch erfolgreich, wenn die Unterdrückung von falschpositiven Kandidaten im Rahmen der integrierten Betrachtung nicht vollständig möglich war.

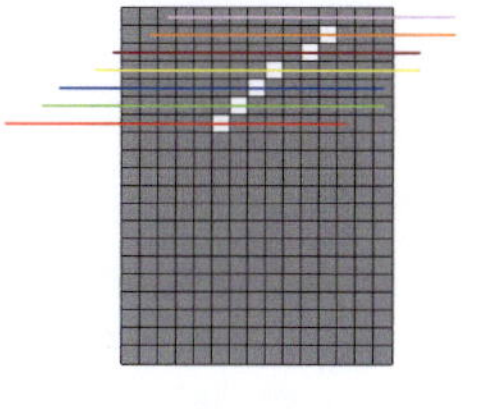

Bild 4.6: Ergebnis der integrierten Verarbeitung für den Bildausschnitt aus Bild 4.2.

4.4 Robuste Geradenschätzung

In einem letzten Verarbeitungsschritt wird aus der Menge der Markierungskandidaten $\mathbb{M}$ die Beobachtung ${}^{\nu}\mathbf{T}^{\,j\mathbf{S}_k^i}$ des Suchbereiches ${}^{\nu}\mathbf{M}^{\,j\mathbf{S}_k^i}$ erzeugt. Dabei ist mit einem möglicherweise deutlichen Anteil an falschpositiven Markierungskandidaten umzugehen. D. h. der Einfluß der Falschpositiven auf das Ergebnis soll idealerweise vollständig unterdrückt werden. Dieser Abschnitt entwickelt eine entsprechende Verarbeitung.

Die Menge der Markierungskandidaten $\mathbb{M}$ aus dem Bild wird mit Hilfe der bekannten Einbauhöhe der Kamera und dem Nickwinkel in die Fahrbahnebene projeziert, um die Menge der Markierungskandidaten $\mathbb{W} = \{(Y_k^i, Z_k^i), \quad i \in \{1,2,\ldots,N^{\mathrm{Beob}}\}, N^{\mathrm{Beob}} \in \mathbb{N}\}$ im Koordinatensystem (X_k,Y_k,Z_k) zu erhalten. Es wird angenommen, dass selbst eine gekrümmte Markierung innerhalb eines Suchbereiches näherungsweise durch ein Geradenstück beschreibbar ist. Diese Annahme ist für Suchbereiche mit einer Länge von höchstens wenigen Metern, wie sie im Rahmen dieser Arbeit sinnvollerweise verwendet werden, offensichtlich gerechtfertigt. Um eine weitere Datenreduktion zu erreichen, soll die Gerade gefunden werden, die die Markierungskandidaten $\mathbb{W}$ am besten beschreibt. Mit der in Gl. 4.3 gegebenen Beschreibung einer Geraden g wird die Parameterbeschreibung einer Geraden $\mathbf{\Theta}_k = [\psi_k, d_k]^T$ gewählt. ψ_k ist der Winkel zwischen Geradennormalenvektor und der Y_k-Achse und d_k ist der Abstand der Gerade zum Koordinatenursprung in Richtung des Geradennormalenvektors.

$$g : \begin{bmatrix} \cos\psi_k \\ \sin\psi_k \end{bmatrix} \cdot \begin{bmatrix} Y_k^i \\ Z_k^i \end{bmatrix} = d_k \tag{4.3}$$

Der senkrechte Abstand ϵ^i zwischen einem Markierungskandidaten (Y_k^i, Z_k^i) und der durch $\mathbf{\Theta}$ beschriebenen Gerade ist gegeben durch Gl. 4.4. ϵ^i wird auch als Residuum bezeichnet.

$$\epsilon^i(\mathbf{\Theta}) = \begin{bmatrix} \cos\psi \\ \sin\psi \end{bmatrix} \cdot \begin{bmatrix} Y_k^i \\ Z_k^i \end{bmatrix} - d \tag{4.4}$$

Falschpositive Markierungskandidaten, die das Ergebnis der Verarbeitung wesentlich beeinflussen, besitzen ein hohes quadriertes Residuum $(\epsilon^i(\mathbf{\Theta}))^2$. Entsprechend der Einleitung dieses Abschnitts sollen solche Markierungskandidaten mit einem hohen $(\epsilon^i(\mathbf{\Theta}))^2$ vollständig unterdrückt werden. Die zu bestimmende „beste“ Gerade $\mathbf{\Theta}$ muss also nach einem entsprechenden Kriterium ausgesucht werden, das hohe Residuen $(\epsilon^i(\mathbf{\Theta}))^2$ vollständig ignoriert. Der Schätzer, der den Median der quadrierten Residuen minimiert, erfüllt genau diese Forderung. Gl. 4.5 gibt die formale Beschreibung wieder. Die Abkürzung KMF steht für „Kleinster Median der Fehlerquadrate“.

$$\hat{\mathbf{\Theta}}_{\text{KMF}} = \arg\min_{\mathbf{\Theta}} \text{median}\{(\epsilon^i(\mathbf{\Theta}))^2\} \tag{4.5}$$

Aus Gl. 4.5 ist sofort ersichtlich, dass es bezüglich des Schätzwertes $\hat{\mathbf{\Theta}}_{\text{KMF}}$ keine Rolle spielt, wie groß die größten quadrierten Residuen $(\epsilon^i(\mathbf{\Theta}))^2$ sind. Genauso spielt es keine Rolle, ob der Anteil an sehr hohen quadrierten Residuen $(\epsilon^i(\Theta))^2$ 10% beträgt oder 20%. Der Schätzwert $\hat{\mathbf{\Theta}}_{\text{KMF}}$ beschreibt nicht zwingend alle Markierungskandidaten gut, sondern nur die Mehrheit der Markierungskandidaten. Genau diese Eigenschaft war gesucht. Dieser Schätzer kann selbst dann noch eine korrekte Schätzung liefern, wenn fast die Hälfte der Eingangsdaten grob falsch sind.

Ein tieferes Verständnis des KMF-Schätzers ergibt sich durch folgende Betrachtung aus [Rousseeuw u. Leroy 1987]. Es wird der Vergleich mit dem Schätzer vorgenommen, der die Summe der quadrierten Residuen minimiert. Dieser Schätzer ist in Gl. 4.6 wiedergegeben [Krystek 2004]. KSF steht für „Kleinste Summe der Fehlerquadrate“. Im Gegensatz zum KMF-Schätzer ist der KSF-Schätzer nicht robust, weil die Summe aller quadrierten Residuen minimiert wird und somit jedes Residuum $(\epsilon^i(\mathbf{\Theta}))^2$ eine Rolle spielt. Der KMF-Schätzer lässt sich formal so verstehen, dass die Bildung des Mittelwerts durch die Bildung des Median in der Gleichung ersetzt wird.

$$\hat{\mathbf{\Theta}}_{\text{KSF}} = \arg\min_{\mathbf{\Theta}} \frac{1}{N^{\text{Beob}}} \sum_{i=1}^{N^{\text{Beob}}} (\epsilon^i(\mathbf{\Theta}))^2 \tag{4.6}$$

Die Berechnung von $\hat{\mathbf{\Theta}}_{\text{KMF}}$ lässt sich nicht direkt nach Gl. 4.5 umsetzen. Für die Parameter ψ_k und d_k mit ihrem kontinuierlichen Wertebereich gibt es unendlich viele Lösungen, die alle getestet werden müßten, um exakt das Minimum des Median zu finden. Abgesehen davon sind ohne weiteres Situationen denkbar, in denen es kein eindeutiges Minimum gibt, selbst wenn das selten vorkommt. In der Praxis wird Gl. 4.5 näherungsweise umgesetzt, indem aus der Menge $\mathbb{W}$ $N^{\text{Ziehungen}}$-mal Paare von Beobachtungen (Y_k^i, Z_k^i), (Y_k^j, Z_k^j) gezogen werden. Zu jedem dieser Paare wird der Wert $\mathbf{\Theta}_{ij}$ bestimmt. Aus der Menge aller auf diese Weise erzeugten Lösungsvorschläge wird derjenige Wert ausgesucht, der den Median der quadrierten Residuen minimiert. Damit das Verfahren erfolgreich ist, muss mindestens einmal ein Paar von korrekten Beobachtungen (Y_k^i, Z_k^i), (Y_k^j, Z_k^j) gezogen werden.

Die Beobachtungen, deren Residuen bezüglich der Schätzung $\hat{\mathbf{\Theta}}_{\text{KMF}}$ betragsmäßig kleiner als eine Schranke ϵ^{S} sind, werden als gültige Beobachtungen betrachtet. Ihre Anzahl ist mit N^{Inlier} bezeichnet.

Die gefundene Gerade $\hat{\mathbf{\Theta}}_{\mathrm{KMF}}$ und die Anzahl gültiger Beobachtungen N^{Inlier} müssen im Zusammenhang zum zu testenden Suchbereich interpretiert werden. Aus der Orientierung $\alpha^{\mathbf{S}_k}$ des Suchbereiches $\mathbf{S}_k$ und der Orientierung ψ_k der gefundenen Gerade ergibt sich der Orientierungsfehler $\Gamma = |\alpha^{\mathbf{S}_k} - \psi_k| \in [0, \pi/2]$. Damit ist entsprechend der Darstellung in Abschnitt 4.1 die erste Komponente der Beobachtung ${}^{\nu}\mathbf{T}^{\,j}\mathbf{s}_k^i$ eines Suchbereiches gefunden.

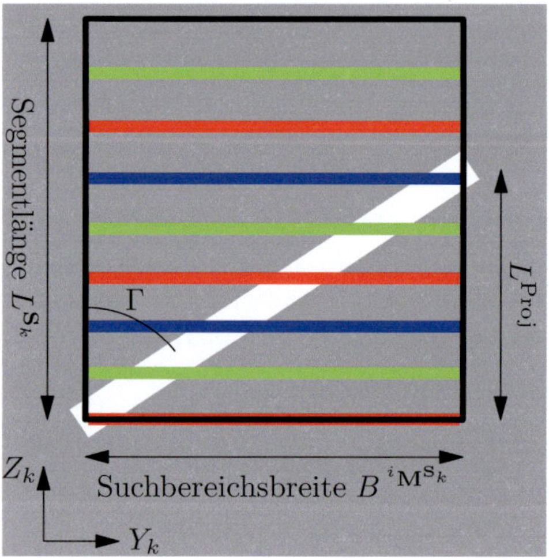

Bild 4.7: Skizze zur Diskussion von $N^{\max}$.

Die zweite Komponente ist gegeben durch die Länge der vorliegenden Markierung bezogen auf die Segmentlänge. Die Bestimmung von r soll für verschiedenste Situationen einheitlich durchgeführt werden. Das bedeutet, die Verarbeitung soll identisch sein für durchgezogene und gestrichelte Markierungen. In diesem Verarbeitungsschritt soll also keine Interpretation bezüglich der Strichelung, d. h. keine explizite Vermessung der einzelnen Teilmarkierungen durchgeführt werden. Um das zu bewerkstelligen, wird die Anzahl der gültigen Beobachtungen N^{Inlier} ins Verhältnis gesetzt zu der maximal zu erwartenden Anzahl an gültigen Beobachtungen $N^{\max}$ entsprechend Gl. 4.7.

$$r = \frac{N^{\mathrm{Inlier}}}{N^{\max}} \tag{4.7}$$

Die Anzahl $N^{\max}$ der maximal zu erwartenden Beobachtungen hängt von Γ ab. Zur Diskussion veranschaulicht Bild 4.7 einen Suchbereich mit seinen Abtaststrecken in der Fahrbahnebene. Die äquidistante Positionierung der Abtaststrecken im

Bild führt dazu, dass die Distanz zwischen den Abtaststrecken mit steigender Entfernung wächst. Eine Fahrstreifenmarkierung ist ebenfalls dargestellt. Ein großer Orientierungsfehler Γ führt dazu, dass die Markierung mehr oder weniger quer zum Suchbereich läuft und folglich nur wenige Abtaststrecken schneidet. Die Anzahl der gültigen Beobachtungen N^{Inlier} kann dann nicht hoch sein. Der Abschnitt der Markierung im Suchbereich hat die Länge $L^{\text{Mark}} = B\,^{i}\mathbf{M}^{\mathbf{S}_k} / \cos(\pi/2 - \Gamma) = B\,^{i}\mathbf{M}^{\mathbf{S}_k} / \sin(\Gamma)$. Die Projektion dieses Abschnitts auf die Längsrichtung des Suchbereiches besitzt die Länge $L^{\text{Proj}} = L^{\text{Mark}} \cdot \cos(\Gamma) = B\,^{i}\mathbf{M}^{\mathbf{S}_k} / \tan(\Gamma)$. Die Länge L^{Proj} bezogen auf die Segmentlänge $L^{\mathbf{S}_k}$ entspricht dann der maximalen Anzahl der zu erwartenden Beobachtungen $N^{\max}$ bezogen auf die Anzahl N^{Abtast} der Abtaststrecken: $L^{\text{Proj}}/L^{\mathbf{S}_k} = N^{\max}/N^{\text{Abtast}}$. Damit ist $N^{\max}$ entsprechend Gl. 4.8 bestimmt.

$$N^{\max} = N^{\text{Abtast}} \cdot \frac{B\,^{i}\mathbf{M}^{\mathbf{S}_k}}{L^{\mathbf{S}_k}} \cdot \frac{1}{\tan(\Gamma)} \tag{4.8}$$

Gl. 4.8 entsteht durch die Projektion der Suchbereichsbreite $B\,^{i}\mathbf{M}^{\mathbf{S}_k}$ auf den Markierungsverlauf und die daran anschließende Projektion auf die Segmentlänge $L^{\mathbf{S}_k}$. Für den Wert $\Gamma = 0$ ergibt sich mit Gl. 4.8 ein Wert von $N^{\max} = \infty$. Für den Wert $\Gamma = \pi/2$ ergibt sich $N^{\max} = 0$. Diese fehlerhaften Werte sind darin begründet, dass die Modellierung nicht berücksichtigt, dass die Segmentlänge endlich ist bzw. mindestens eine Abtaststrecke den Markierungsverlauf schneidet. In der praktischen Umsetzung wird die Beschränkung $N^{\max} \in \{1,2,\ldots,N^{\text{Abtast}}\}$ gefordert. Die auf diese Weise durchgeführte Abschätzung von $N^{\max}$ kann zu minimal fehlerhaften Ergebnissen führen, weil die Tatsache nicht modelliert wird, dass die Abstände zwischen den Abtaststrecken wachsen. In der Umsetzung werden dadurch verursachte Fehler auf einfache Weise abgefangen. Mit den Gl. 4.8 und 4.7 ist die zweite Komponente der Beobachtung $^{\nu}\mathbf{T}\,^{j}\mathbf{S}_k^i$ vollständig beschrieben. Für zufällige Anordnungen von einigen wenigen Markierungskandidaten nimmt r kleine Werte an. Gestrichelte Markierungen zeichnen sich durch mittlere Werte für r aus.

Grundsätzlich besteht die stichhaltigste Möglichkeit zur Motivation eines Schätzverfahrens darin, eine sinnvolle Optimalitätsbedingung zu formulieren (beispielsweise die Minimierung der Varianz des resultierenden Schätzwertes) und dann zu beweisen, dass das Verfahren diese Optimalitätsbedingung erfüllt. Dieses streng mathematische Vorgehen führt im vorliegenden Fall zu keinem Gewinn. Das entwickelte Verfahren besteht im wesentlichen aus der integrierten Betrachtung des Signals und der Anwendung eines robusten Schätzers. Es ist nicht gelungen, die Integrativität eines Verfahrens mathematisch greifbar zu machen, so dass nicht bewiesen werden konnte, dass das entwickelte Verfahren die integrativste mögliche

Betrachtung unter der Randbedingung einer schnellen Verarbeitung darstellt. Die Robustheit des angewendeten KMF-Schätzers ist bekannt und ein Beweis seiner Robustheit daher überflüssig.

Die Motivation für das vorgestellte Verfahren ist darin zu sehen, dass aus den Eigenschaften des zu verarbeitenden Signals zunächst Forderungen an die Verarbeitung formuliert wurden, welche dann umgesetzt wurden. Die systematische Analyse der Aufgabe und die daran anschließende Synthese begründen das Verfahren.

Neben dem KMF-Schätzer gibt es andere robuste Schätzverfahren, z. B. M-Schätzer. Das Resultat, dass sich bei Verwendung eines M-Schätzers ergibt, ist jedoch zu sehr von einer geeigneten Initialisierung abhängig. Gerade bei der vorliegenden anspruchsvollen Wahrnehmungsaufgabe liefert ein M-Schätzer dementsprechend einige Fehldetektionen. Eine sinnvolle Initialisierung für den M-Schätzer könnte das mit dem KMF-Schätzer erzeugte Ergebnis sein. Der M-Schätzer kann den KMF-Schätzer also in diesem Zusammenhang nicht ersetzen, sondern höchstens darauf aufbauen.

Die Ausführungen zum KMF-Schätzer gelten nicht nur für Geraden sondern entsprechend für komplexere Modelle. Robuste Schätzer sind ein Standardwerkzeug der Schätztheorie und z. B. in [Rousseeuw u. Leroy 1987; Zhang 1997] beschrieben.

Im nächsten Abschnitt werden die Wahrscheinlichkeitsdichten $p_0(\boldsymbol{T})$ und $p_1(\boldsymbol{T})$ definiert, womit die Schnittstelle zu Kapitel 3 erfüllt ist.

4.5 Entwurf der Wahrscheinlichkeitsdichten

Die Abschnitte 4.1 bis 4.4 haben die Erzeugung der Realisation $\mathbf{T}$ aus dem Sensorsignal behandelt. Die in $\mathbf{T}$ enthaltene Information wird in der Form von Wahrscheinlichkeitsdichten $p_0(\mathbf{T})$ und $p_1(\mathbf{T})$ in die maschinelle Wahrnehmung eingegeben. Dieser Abschnitt legt die Verläufe von $p_0(\boldsymbol{T})$ und $p_1(\boldsymbol{T})$ fest. Die Herausforderung bei diesem Entwurf besteht darin, dass die gewählten Dichten die Realität möglichst gut abbilden müssen, um ein funktionsfähiges Gesamtsystem zu erhalten.

Die Wahrscheinlichkeitsdichten bilden die Schnittstelle zwischen dem Test und den restlichen Teilen des Verfahrens. Aus dieser zentralen Rolle erwächst die Bedeutung eines korrekten Entwurfs. Eine fehlerhafte Wahl von $p_0(\boldsymbol{T})$ und $p_1(\boldsymbol{T})$ würde sich in das Schätzergebnis $P(\boldsymbol{X}_k = \mathbf{X}_k^i|\mathbb{Y}_k)$ fortpflanzen. Dabei könnten verschiedene Arten von Fehlschätzungen auftreten. Zum einen kann die grundsätzliche Verteilung der Wahrscheinlichkeit über den Hypothesen im Widerspruch zur

Realität stehen, d. h. falsche Hypothesen sind als wahrscheinlich bewertet. Zum anderen könnte die grundsätzliche Verteilung der Wahrscheinlichkeit mit der Realität übereinstimmen, so dass korrekte Hypothesen am wahrscheinlichsten bewertet sind, und lediglich das Vertrauen in die Schätzung ist ungerechtfertigt hoch oder niedrig. „Vertrauen“ meint die Entschiedenheit der Schätzung. Dabei ist die Beurteilung, ob die Entschiedenheit der maschinellen Wahrnehmung „korrekt“ ist, schwierig. Ein menschlicher Betrachter hat meistens vollständiges Vertrauen in seine persönliche visuelle Wahrnehmung, so dass die menschliche Wahrnehmung höchstens grobe Hinweise auf eine gute Wahl von $p_0(\boldsymbol{T})$ und $p_1(\boldsymbol{T})$ liefern kann.

Die Frage nach dem korrekten Entwurf ist insofern nicht einfach dadurch zu beantworten, dass die verwendeten Merkmale $\boldsymbol{T}$ grundsätzlich eine vereinfachende Modellierung der Realität darstellen. Das Merkmal ist ein Konstrukt, um die maschinelle Wahrnehmung zu bewerkstelligen, aber es ist kein unmittelbares Element der Realität. Daraus folgt, dass die zu verwendenden Wahrscheinlichkeitsdichten im strengsten Sinne selbst aus der Realität nicht ableitbar sind.

Weil das modellierte Merkmal die Realität zwar nicht exakt, aber wenigstens gut, abbildet, ist es ein oft praktiziertes Vorgehen, die Wahrscheinlichkeitsdichten aus der Realität abzuleiten [Geman u. Jedynak 1996]. Dazu wird üblicherweise zunächst ein Satz realer Messdaten erzeugt. Den Daten wird anhand von manuellen Annotationen die Zugehörigkeit zu den interessierenden Klassen (im vorliegenden Fall also „Fahrstreifen vorhanden“ bzw. „Fahrstreifen nicht vorhanden“) zugewiesen. Die Auftretenshäufigkeit der möglichen Ausprägungen für das Merkmal $\boldsymbol{T}$ für die vorliegenden Klassen wird durch eine Auswertung bestimmt. Diese Häufigkeitsverteilungen können direkt als $p_0(\boldsymbol{T})$ und $p_1(\boldsymbol{T})$ verwendet werden oder sie können in eine genäherte analytische Beschreibung überführt werden. Dieses Vorgehen verlagert die Herausforderung des Entwurfs letztendlich auf die Erstellung des Datensatzes. Die Leistungsfähigkeit des Gesamtsystems hängt dann unmittelbar von der Vollständigkeit und der Korrektheit des Datensatzes ab. Dabei ist die Frage, ob der Datensatz vollständig und korrekt ist, prinzipiell nicht entscheidbar. Der Datensatz enthält möglicherweise zufällige Einflüsse, d. h. bestimmte Ausprägungen des Merkmals sind überproportional oft vertreten oder zu schwach repräsentiert. Situationen, die durch den Datensatz nicht abgedeckt sind, sind mit dem so entworfenen System möglicherweise nicht behandelbar.

Aus diesen Überlegungen folgt die Motivation, im Rahmen der vorliegenden Arbeit die zu entwerfenden Wahrscheinlichkeitsdichten anhand einer überprüfbaren Argumentation zu gestalten. Die beiden Größen Γ und r sind direkt interpretierbar, so dass sich sinnvolle Annahmen über wahrscheinliche und unwahrscheinliche Ausprägungen formulieren lassen.

Im folgenden wird zunächst der grundsätzliche Verlauf der Wahrscheinlichkeitsdichte $p_1(\boldsymbol{T})$ hergeleitet und schrittweise konkretisiert. Für den Fall, dass ein dem zu testenden Segment entsprechender Fahrstreifen vorhanden ist, ist die Präsenz einer entsprechenden Markierung wahrscheinlich. Dann weisen kleine Werte des Orientierungsfehlers Γ eine hohe Wahrscheinlichkeitsdichte auf. Ist die vorliegende Markierung gestrichelt oder durchgezogen, so entsteht eine hohe Wahrscheinlichkeitsdichte für mittlere bzw. hohe Werte für r. Andererseits sind Fahrstreifen i. a. nicht zwangsläufig auf ihrer gesamten Länge markiert. In den nichtmarkierten Bereichen können andere Objekte wie kreuzende Markierungen, Gleise, Teernähte, usw. vorhanden sein und eine beliebige Realisation $\mathbf{T}$ erzeugen, obwohl ein dem zu testenden Segment entsprechender Fahrstreifen vorhanden ist. Ausprägungen von $\boldsymbol{T}$, die bei Anwesenheit eines Fahrstreifens typischerweise nicht zu erwarten sind, besitzen daher eine Wahrscheinlichkeitsdichte größer null. Die möglichen Ergebnisse $\mathbb{W} = \{\}$ oder $\mathbb{W} = \{(Y_1,Z_1)\}$ werden verstanden als $r \approx 0$ und $\Gamma \in [0,\pi/2]$.

Zusammenfassend lässt sich für den Fall eines vorhandenen Fahrstreifens sagen, dass der Wertebereich $\Gamma \approx 0, \quad 0{,}25 \leq r \leq 1$ ein hohe Wahrscheinlichkeitsdichte und der restliche Wertebereich eine niedrige Dichte aufweist. Innerhalb dieser Bereiche bestehen keine Unterschiede, beispielsweise besitzt $\Gamma = 0$ dieselbe Wahrscheinlichkeitsdichte wie $\Gamma = \varepsilon > 0$. Für eine untypische Realisation $\mathbf{T}$ ist die Wahrscheinlichkeitsdichte ebenfalls einheitlich niedrig. Zwischen der hohen und der niedrigen Dichte wird ein kontinuierlicher Übergang modelliert, so dass geringe Änderungen in den Bilddaten nicht zu wesentlichen Änderungen im Wahrnehmungsergebnis führen. Die Form des Übergangs wird sinusförmig gewählt.

$$p_1(\boldsymbol{T}) = \begin{cases} p_1^{\mathrm{h}} & \text{für } \Gamma < \Gamma^{\mathrm{E}}, \quad r > r^{\mathrm{E}} \\ p_1^{\mathrm{n}} + \frac{1}{2}(p_1^{\mathrm{h}} - p_1^{\mathrm{n}}) \left(1 + \sin\left(\frac{\pi}{2}\frac{\Gamma^{\mathrm{W}} - \Gamma}{b}\right)\right) & \text{für } \Gamma^{\mathrm{E}} < \Gamma < \Gamma^{\mathrm{A}}, \\ & \quad r > r^{\mathrm{E}} \\ p_1^{\mathrm{n}} + \frac{1}{2}(p_1^{\mathrm{h}} - p_1^{\mathrm{n}}) \left(1 + \sin\left(\frac{\pi}{2}\frac{r - r^{\mathrm{W}}}{b}\right)\right) & \text{für } \Gamma < \Gamma^{\mathrm{E}}, \\ & \quad r^{\mathrm{A}} < r < r^{\mathrm{E}} \\ p_1^{\mathrm{n}} + \frac{1}{2}(p_1^{\mathrm{h}} - p_1^{\mathrm{n}}) \left(1 - \sin\left(\frac{\pi}{2}\frac{D - b}{b}\right)\right) & \text{für } \Gamma^{\mathrm{E}} < \Gamma < \Gamma^{\mathrm{A}}, \\ & r^{\mathrm{A}} < r < r^{\mathrm{E}}, \quad D < 2b \\ p_1^{\mathrm{n}} & \text{sonst} \end{cases} \tag{4.9}$$

Gl. 4.9 gibt die gefundene analytische Beschreibung wieder. Γ^{W} bzw. r^{W} geben die Position des Wendepunktes des sinusförmigen Verlaufs parallel zur $\Gamma-$ bzw. $r-$Achse an. Die entsprechenden Übergänge werden in der Folge auch als Abstiegskanten bezeichnet. Für die Darstellung im Rahmen der vorliegenden Arbeit genügt die Feststellung, dass die Wendepunkte des Abstiegs ungefähr mit den entsprechenden Schranken übereinstimmen, d. h. $\Gamma^{\mathrm{W}} \approx \Gamma^{\mathrm{S}} = 10°$, $r^{\mathrm{W}} \approx r^{\mathrm{S}} = 0{,}25$. p_1^{h} bzw. p_1^{n} in Gl. 4.9 bezeichnen den Maximal- bzw. Minimalwert der Wahrscheinlichkeitsdichte. b bezeichnet die halbe Breite des Übergangs. Diese Parameter sind voneinander abhängig, um die Bedingung $\int p_1(\boldsymbol{T})\,\mathrm{d}\boldsymbol{T} = 1$ zu erfüllen. Die Symbole $r^{\mathrm{E}} = r^{\mathrm{W}} + b$, $r^{\mathrm{A}} = r^{\mathrm{W}} - b$, $\Gamma^{\mathrm{A}} = \Gamma^{\mathrm{W}} + b$, $\Gamma^{\mathrm{E}} = \Gamma^{\mathrm{W}} - b$ und $D = \sqrt{(\Gamma - \Gamma^{\mathrm{E}})^2 + (r - r^{\mathrm{E}})^2}$ bezeichnen Hilfsgrößen. Die Hilfsgrößen sind in Bild 4.8 illustriert.

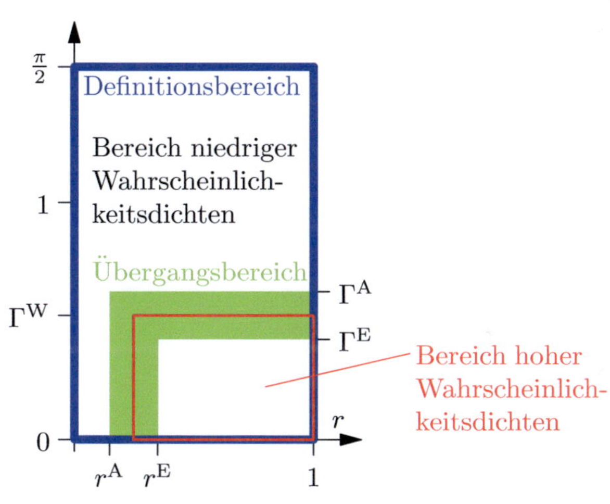

Bild 4.8: Skizze zum Definitionsbereich von $p_1(\boldsymbol{T})$ mit den verwendeten Hilfsgrößen. Für eine bessere Lesbarkeit der Skizze wurde hier ein höherer Wert für Γ^{W} verwendet.

Es wird angenommen, dass Fahrstreifenverläufe auf markierten Kreuzungen in 80% ihres Verlaufes markiert sind und für den Fall einer tatsächlich vorliegenden Markierung eine Beobachtung $\mathbf{T} \in [0, \Gamma^{\mathrm{W}}] \times [r^{\mathrm{W}}, 1]$ erzeugen. Dann folgt für das näherungsweise berechnete Integral über die Wahrscheinlichkeitsdichte $p_1(\mathbf{T})$ über den Argumentbereich $[0, \Gamma^{\mathrm{W}}] \times [r^{\mathrm{W}}, 1]$ das Ergebnis

$$\int_{\boldsymbol{T} \in [0, \Gamma^{\mathrm{W}}] \times [r^{\mathrm{W}}, 1]} p_1(\boldsymbol{T})\,\mathrm{d}\boldsymbol{T} = p_1^{\mathrm{h}} \cdot \Gamma^{\mathrm{W}} \cdot (1 - r^{\mathrm{W}}) \stackrel{!}{=} 0{,}8.$$

Damit ist p_1^{h} bestimmt. Anhand des Integrals über den gesamten Wertebereich

$$\int\limits_{\boldsymbol{T}} p_1(\boldsymbol{T})\,\mathrm{d}\boldsymbol{T} = \frac{\pi}{2} \cdot p_1^{\mathrm{n}} + (1 - r^{\mathrm{W}}) \cdot \Gamma^{\mathrm{W}} \cdot (p_1^{\mathrm{h}} - p_1^{\mathrm{n}}) \stackrel{!}{=} 1$$

ist p_1^{n} bestimmt. Um eine einfachere Darstellung im Rahmen der vorliegenden Arbeit zu erreichen, wurden die genannten Berechnungen näherungsweise vorgeführt, indem der Übergangsbereich bei der Berechnung der Integrale vernachlässigt wurde. Für den im Rahmen der Implementierung verwendeten Entwurf wurden die Berechnungen exakt durchgeführt.

Der Parameter b wird zu $0{,}02$ gewählt. Tatsächlich darf b nicht zu groß gewählt werden, da sonst der durch p_1^{h} bestimmte Anteil des Volumens unter $p_1(\boldsymbol{T})$ die geforderten 80% nicht erreicht. Bild 4.9 illustriert den Verlauf von $p_1(\boldsymbol{T})$.

Im Falle der Abwesenheit eines Fahrstreifens lässt sich kein bevorzugter Wertebereich für $\mathbf{T}$ rechtfertigen. Richtungspfeilmarkierungen auf der Straße, Haltebalken, Schattenwürfe, Gleise u. ä. können durchaus zu $\mathbf{T} \approx [0{,}1]^T$ führen, ohne dass ein Fahrstreifen vorliegt. Entsprechend wird eine Gleichverteilung $p_0(\boldsymbol{T}) = 2/\pi$ gewählt.

Dieser Abschnitt hat den Entwurf von $p_0(\boldsymbol{T})$ und $p_1(\boldsymbol{T})$ sowie eine Diskussion der Ziele und Konsequenzen durchgeführt. Der nächste Abschnitt demonstriert die Leistungsfähigkeit des Tests durch die Anwendung auf reale Testdaten mit einem wesentlichen Anteil schwieriger Situationen.

4.6 Anwendung auf reale Messdaten

Dieser Abschnitt untersucht zunächst die Leistungsfähigkeit des Merkmalstests in Abhängigkeit des verlangten Mindestgradienten $\Delta_{\mathrm{grau}}^{\mathrm{min}}$ auf einem Trainingssatz realer Messdaten. Anhand dieser Untersuchung wird ein Wert für $\Delta_{\mathrm{grau}}^{\mathrm{min}}$ ausgewählt, der für alle weiteren Experimente gilt. Abschließend wird der Merkmalstest auf einem vom Trainingssatz unabhängigen Testsatz validiert.

Der Trainingssatz und der Testsatz wurden gewonnen, indem reale Videodaten mit der Beschreibung der Suchbereiche kombiniert und mit den Annotationen „Fahrstreifen vorhanden“ bzw. „Fahrstreifen nicht vorhanden“ versehen wurden. Der Trainingssatz besteht aus 116 Suchbereichen und der Testsatz besteht aus 180 Suchbereichen. Trainingssatz und Testsatz sind disjunkt, d. h. eine konkrete Kreuzung aus einem der beiden ist im anderen nicht vertreten. Die verwendeten Videodaten beinhalten neben einigen einfachen Situationen einen wesentlichen Anteil schwieriger Situationen wie z. B. Gleise, Teernähte und Schattenwürfe. Eini-

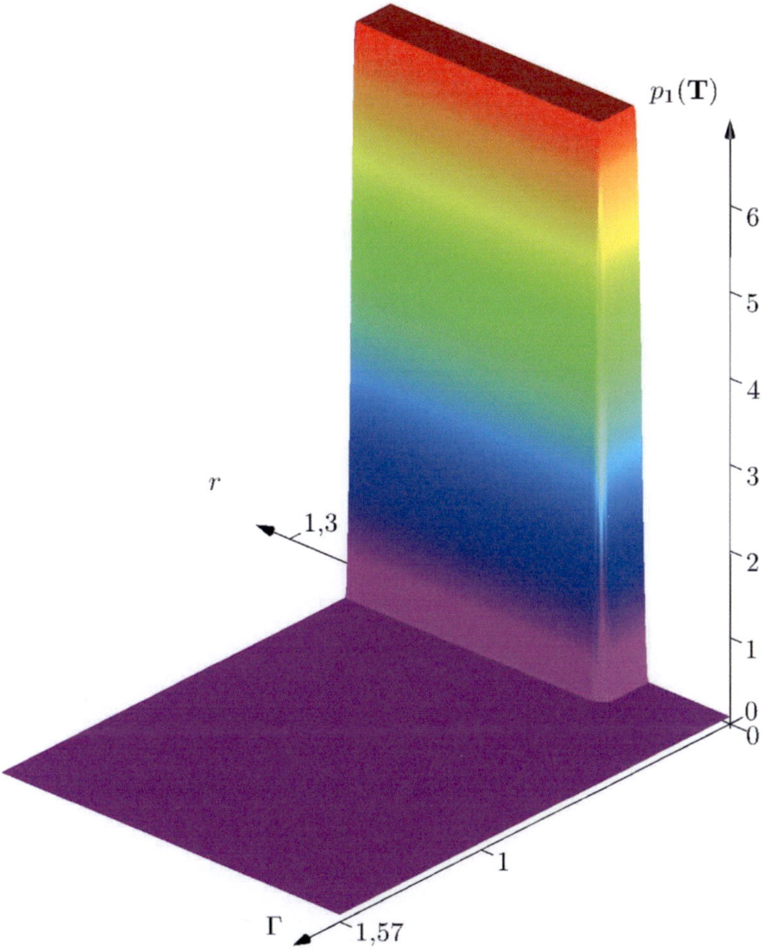

Bild 4.9: Der Verlauf von $p_1(\boldsymbol{T})$.

ge Beispiele sind in Bild 4.11 und Bild 4.12 gezeigt. Situationen, in denen ein Fahrstreifen, jedoch keine Markierung, vorhanden ist, wurden nicht untersucht, da bekannt ist, dass der Test in diesem Fall keinen Hinweis auf den Fahrstreifen findet. Die durch $p_0(\boldsymbol{T})$ und $p_1(\boldsymbol{T})$ gebildete Schnittstelle wird im Rahmen dieser Untersuchung nicht betrachtet.

$\Delta_{\text{grau}}^{\text{min}}$ ist der minimale Gradient, der am Pixel (x,y) erfüllt sein muss, damit dieses Pixel als Markierungskandidat gilt (vergl. S. 55). $\Delta_{\text{grau}}^{\text{min}}$ bestimmt somit das

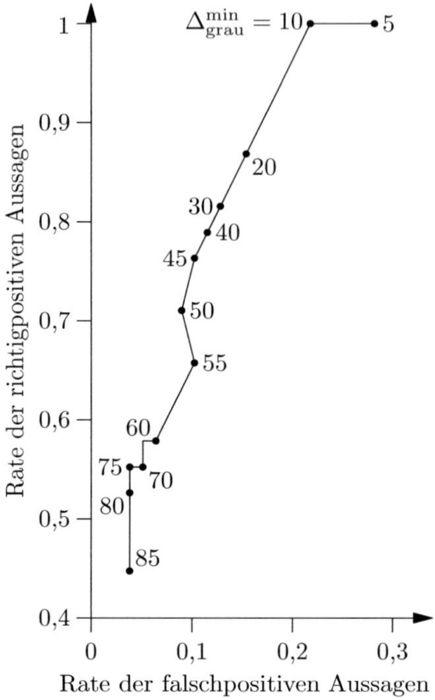

Bild 4.10: Detektorkennlinie zum entwickelten Testverfahren. Die Zahlen an den Punkten geben die getesteten Werte für $\Delta_{\text{grau}}^{\text{min}}$ an.

Ansprechverhalten des Tests. In der Folge wird die Aussage „Fahrstreifen vorhanden“ als die „positive“ Antwort des Detektors bezeichnet. Eine zutreffende Aussage „Fahrstreifen vorhanden“ wird durch „richtigpositiv“ bezeichnet. $\Delta_{\text{grau}}^{\text{min}}$ ist so zu wählen, dass möglichst wenig falschpositive und möglichst viele richtigpositive Aussagen getroffen werden. Diese Aufgabe wird anhand der Detektorkennlinie (engl. „Receiver Operating Characteristic“, abgekürzt ROC) gelöst [Fawcett 2006]. Die Detektorkennlinie wird ermittelt, indem der Merkmalstest mit verschiedenen Werten für $\Delta_{\text{grau}}^{\text{min}}$ auf die Trainigsdaten angewendet wird. Das Ergebnis des Merkmalstests zu jedem Testdatum wird mit der Annotation verglichen und auf diese Weise wird die Anzahl der falschpositiven und richtigpositiven Aussagen für jeden getesteten Wert für $\Delta_{\text{grau}}^{\text{min}}$ ermittelt.

Niedrige Werte für $\Delta_{\text{grau}}^{\text{min}}$ führen dazu, dass tatsächlich vorhandene Markierungen tendenziell nicht übersehen werden (d. h. die Anzahl der falschnegativen Aussagen ist gering), andererseits werden leichte Grauwertänderungen dann eher für Markierung gehalten, so dass die Zahl der falschpositiven Aussagen steigt. Umgekehrt führen hohe Werte für $\Delta_{\mathrm{grau}}^{\mathrm{min}}$ zu einer hohen Zahl an falschnegativen Aussagen. Diese Überlegungen werden durch das Ergebnis in Bild 4.10 bestätigt. Für die Interpretation von Bild 4.10 werden folgende Größen definiert:

Rate der falschpositiven Aussagen das Verhältnis aus der Anzahl der falschpositiven Aussagen zu der Anzahl an Daten, die keinen Fahrstreifen enthalten

Rate der richtigpositiven Aussagen das Verhältnis aus der Anzahl der richtigpositiven Aussagen zu der Anzahl der Daten, die tatsächlich Fahrstreifen enthalten

Bild 4.10 belegt deutlich, dass der Korrelationskoeffizient als alleinige Kennzahl zur Untersuchung der Markierungskandidaten nicht ausreicht. Für eine unwirksame Schranke $\Delta_{\mathrm{grau}}^{\mathrm{min}} = 0$ ergeben sich viele falschpositive Detektionen. Für die zukünftige Verwendung wird $\Delta_{\mathrm{grau}}^{\mathrm{min}} = 20$ ausgewählt.

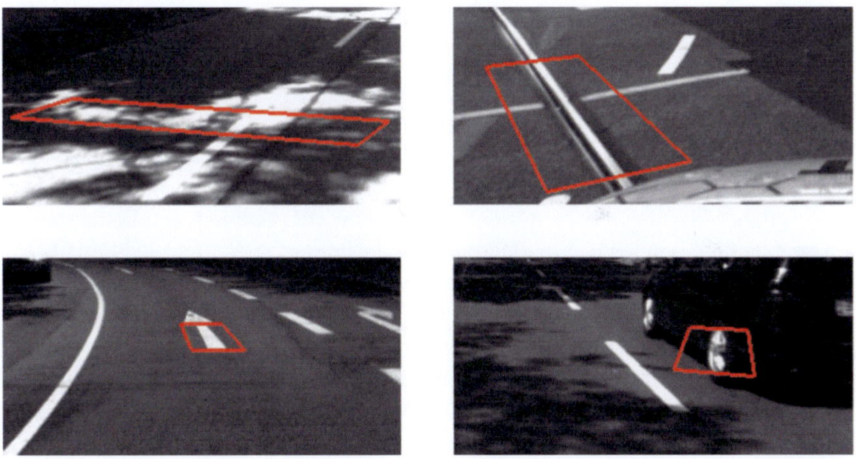

Bild 4.11: Auf diesen Bildern aus dem Testset liefert der Merkmalsdetektor falsche Ergebnisse. In diesem Zusammenhang kennzeichnet die rote Visualisierung des Suchbereiches einen Widerspruch zu der entsprechenden Annotation. Diese Beispiele waren jeweils mit der Annotation „Fahrstreifen nicht vorhanden" versehen.

Mit diesem Wert ergibt sich auf den Testdaten eine Rate der falschpositiven Aussagen von $0{,}14$ und eine Rate der richtigpositiven Aussagen von $0{,}95$. Die falschnegativen Aussagen entstehen vor allem durch kreuzende Fahrstreifenmarkierungen in mittlerer Entfernung. Kreuzende Fahrstreifenmarkierungen in mittlerer Entfernung sind mit der verwendeten Videokamera bereits kleiner als eine Pixelzeile und

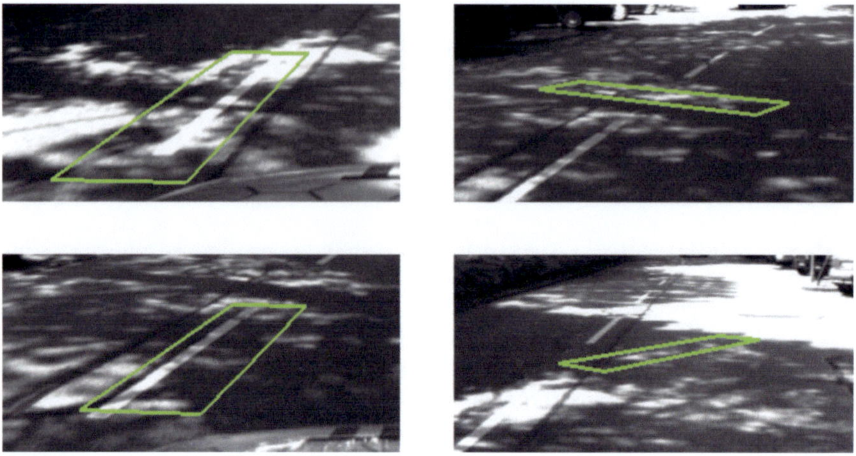

Bild 4.12: Auf diesen Bildern aus dem Testset liefert der Merkmalsdetektor korrekte Ergebnisse. In diesem Zusammenhang kennzeichnet die grüne Visualisierung des Suchbereiches eine Übereinstimmung mit der entsprechenden Annotation. Die beiden rechten Beispiele waren mit der Annotation „Fahrstreifen nicht vorhanden“ versehen, so dass die entsprechenden Ergebnisse des Detektors richtignegativ sind.

weisen daher bereits eine verminderte Helligkeit auf. Folglich erfüllen sie möglicherweise nicht den verlangten Helligkeitsunterschied $\Delta_{\mathrm{grau}}^{\mathrm{min}}$ und werden als Markierungskandidaten abgelehnt. Die falschpositiven Detektionen treten vor allem durch zwei spezielle Szenariotypen auf. Der erste Szenariotyp beinhaltet Bildregionen, die selbst für einen menschlichen Betrachter nur schwer und unter Zuhilfenahme des Kontexts korrekt zu interpretieren sind. Diese Bildregionen entstehen z.B. durch Bahngleise, die Sonnenlicht reflektieren und dadurch in ihrem Erscheinungsbild nicht von einer Markierung zu unterscheiden sind. Der zweite Szenariotyp stellt helle Bereiche auf der Fahrbahn dar, die durch Schattenwürfe von Baumkronen entstehen. Dieser Szenariotyp kann von einem menschlichen Betrachter korrekt interpretiert werden. Das vorgestellte Verfahren liefert für diesen Szenariotyp nicht in allen Fällen die korrekte Interpretation. Bild 4.11 zeigt beispielhaft einige Fehlentscheidungen. Trotz einiger vorhandener Fehlentscheidungen ist auch ein wesentlicher Anteil bemerkenswert guter Entscheidungen zu berichten. Bild 4.12 zeigt einige Beispiele. Die Wahrnehmung von Fahrstreifenmarkierungen mit deutlichem Schattenwurf durch Baumkronen ist eine anerkannte Herausforderung [Huang u. a. 2009].

5 Evaluation

Die Kapitel 3 und 4 haben verschiedene Teile des Verfahrens in einer schrittweisen und fokussierten Betrachtung diskutiert. Jeder Entwicklungsschritt wurde für sich betrachtet im Rahmen eines eigenen Abschnitts evaluiert (vergl. Abschnitte 3.7, 3.4 und 4.6).

Dieses Kapitel nimmt eine Evaluation des Gesamtverfahrens zur Wahrnehmung der Fahrstreifen der eigenen und kreuzenden Fahrtrichtung vor. Abschnitt 5.1 diskutiert die Auswertung durch eine vollständige Suche für Einzelbilder. Im Fokus liegt dabei die Frage nach der grundsätzlichen Anwendbarkeit des Gesamtsystems, wobei weiterführende Themen wie die effiziente Auswertung (Abschnitt 3.9) und die Anwendung der zeitlichen Verfolgung (Abschnitt 3.8) zunächst nicht betrachtet werden. Abschnitt 5.2 diskutiert die Anwendung der effizienten Suche. Abschnitt 5.3 demonstriert die maschinelle Wahrnehmung mit zeitlicher Verfolgung auf einer vollständigen Kreuzungsüberfahrt.

5.1 Einzelbildauswertung mit einer vollständigen Suche

Im idealen Fall weist die maschinelle Auswertung einer konkreten Hypothese $\mathbf{X}_k^i$ eine Wahrscheinlichkeit von 1 zu. Die so ausgezeichnete Hypothese entspricht im idealen Fall außerdem der korrekten Hypothese, d. h. ein menschlicher Betrachter würde diesem Ergebnis zustimmen. Es ist klar, dass das ideale Ergebnis in der praktischen Anwendung nicht auftritt. Die Betrachtung des idealen Ergebnisses ist jedoch hilfreich bei der Entwicklung einer aussagefähigen Validierungsstrategie. Diese muss geeignete Metriken und Kennzahlen anwenden, um zu untersuchen, wie weit das vorliegende Ergebnis vom idealen Ergebnis entfernt ist. Im Rahmen der vorliegenden Arbeit wird die gesamte Wahrscheinlichkeitsdichteverteilung $P(\boldsymbol{X}_k = \mathbf{X}_k^i|\mathbf{Y}_k)$ und nicht nur die wahrscheinlichste Hypothese $\arg\max P(\boldsymbol{X}_k = \mathbf{X}_k^i|\mathbf{Y}_k)$ als Ergebnis der Bildauswertung angesehen. Die Validierung bezieht sich u. a. auf die wahrscheinlichste Hypothese $\arg\max P(\boldsymbol{X}_k = \mathbf{X}_k^i|\mathbf{Y}_k)$, weil diese eine greifbare und anschauliche Größe darstellt.

Im Rahmen der in diesem Abschnitt durchgeführten Validierung wird u. a. untersucht, ob die wahrscheinlichste Hypothese korrekt ist. Dabei wird das Kriterium „Korrektheit“ in die drei Aussagen „gut“, „ausreichend“ und „falsch“ entschieden. Die Aussage „gut“ bedeutet, dass die wahrscheinlichste Hypothese absolut dem erwarteten Ergebnis entspricht. Die Aussage „ausreichend“ bedeutet, dass die wahrscheinlichste Hypothese nicht vollständig dem erwarteten Ergebnis entspricht, dass die wesentlichen Eigenschaften der Realität jedoch erkannt wurden, z. B. grobe Lage, Orientierung, Anzahl und Breite der Fahrstreifen. Insbesondere ist eine „ausreichend“ korrekte Hypothese für eine unfallfreie autonome Fahrzeugführung geeignet. Hypothesen mit größeren Abweichungen von der Realität werden als „falsches“ Ergebnis der Bildauswertung angesehen. Für eine einfachste Bezeichnung der Korrektheit werden im Folgenden auch die Ziffern 1-3 zur Kennzeichnung einer erstklassigen, zweitklassigen und drittklassigen Korrektheit verwendet. Zusätzlich wird die Wahrscheinlichkeit der wahrscheinlichsten Hypothese ausgewertet.

Zunächst werden die Wahrnehmungsergebnisse auf 14 Bildern von typischen, relevanten, verschiedenen Kreuzungssituationen im Detail diskutiert. Die erste Spalte von Tabelle 5.1 gibt die laufende Nummer des Testbildes wieder. Die zweite Spalte enthält den Aufnahmezeitpunkt als eindeutige Bezeichnung. Die dritte Spalte beurteilt die Korrektheit der wahrscheinlichsten Hypothese. Die Wahrscheinlichkeit der Hypothese ist in Spalte vier wiedergegeben. Die normierte Entropie $H_{\mathrm{n}}(P(\mathbf{X}_k^i|\mathbf{Y}_k))$ ist in der fünften Spalte angegeben (Definition s. Gl. 3.16).

Für das Bild mit der Nr. 2 ergibt sich ein „ausreichendes“ Resultat der maschinellen Wahrnehmung. Es ergibt sich entsprechend eine mittelhohe Wahrscheinlichkeit der wahrscheinlichsten Hypothese und eine mittelhohe Entropie. Eine detaillierte Untersuchung zeigt, dass die vorliegende Fahrstreifengeometrie durch andere Hypothesen besser beschrieben würde. Diese anderen Hypothesen liegen mit ihren Suchbereichen jedoch teilweise auf dem nichtmarkierten Bereich der gestrichelten Markierungen und erhalten somit eine niedrigere Wahrscheinlichkeit. Die Suchbereiche der wahrscheinlichsten Hypothese schneiden besser ab, obwohl die Hypothese nicht exakt der Realität entspricht.

Der Anteil der fehlenden Markierungen in Bild Nr. 3 ist für eine vollständig korrekte Wahrnehmung zu hoch. So ergibt es sich, dass u. a. eine weniger zutreffende Hypothese die höchste Wahrscheinlichkeit zugewiesen bekommt. Im Bereich der fehlenden Fahrstreifenmarkierungen liegt diese Hypothese teilweise auf dem Bürgersteig. Im Bereich der vorhandenen Markierungen ergibt sich eine korrekte Schätzung. Es ergibt sich eine niedrige maximale Wahrscheinlichkeit. Die Tatsache, dass die Interpretation dieses Bildes mit dem vorgeschlagenen Verfahren nicht eindeutig ist, schlägt sich in der relativ hohen Entropie nieder.

Nr.	t	Korrektheit	$\max_i P(\mathbf{X}_k^i \vert \mathbf{Y}_k)$	$H_\mathrm{n}(P(\mathbf{X}_k^i \vert \mathbf{Y}_k))$
1	11:08:23,29	2	0,0841	0,28
2	11:09:33,62	2	0,1542	0,34
3	11:11:26,98	3	0,0146	0,44
4	11:11:28,08	3	0,0153	0,49
5	11:16:02,55	1	0,0206	0,54
6	11:16:03,79	2	0,0290	0,29
7	11:19:10,64	1	0,1195	0,24
8	11:19:11,84	1	0,0809	0,30
9	11:19:12,70	1	0,0231	0,40
10	11:46:19,87	2	0,0086	0,44
11	11:46:21,07	2	0,0006	0,76
12	11:49:04,05	1	0,3069	0,23
13	11:49:05,98	1	0,1804	0,19
14	11:49:08,28	1	0,3964	0,21

Tabelle 5.1: Wahrnehmung der eigenen Fahrstreifen auf Einzelbildern. $H_\mathrm{n}(P(\mathbf{X}_k^i|\mathbf{Y}_k))$ ist in Gl. 3.16 definiert.

Die Anwendung auf das Bild mit der Nr. 12 verläuft erfolgreich. Trotz vorhandener kreuzender Markierungen und teilweise fehlenden eigenen Markierungen gelingt es, die maximale Wahrscheinlichkeit einer korrekten Hypothese zuzuordnen. Das relativ gute Abschneiden schlägt sich in einem korrekten Wahrnehmungsergebnis, einer hohen Wahrscheinlichkeit und einer niedrigen Entropie nieder.

In Bild 5.1 sind beispielhaft die Bilder Nr. 2, 3, und 12 entsprechend Tabelle 5.1 sowie jeweils die wahrscheinlichste Hypothese $\arg\max P(\boldsymbol{X}_k = \mathbf{X}_k^i|\mathbf{Y}_k)$ wiedergegeben.

Mit diesen Bemerkungen wurde für einige Bilder eine detaillierte Diskussion der Ergebnisse präsentiert. Um die Schlußfolgerungen auf eine breitere Basis zu stellen, wurde eine entsprechende Validierung auf 27 zusätzlichen Bildern durchgeführt. Insgesamt wurden somit 41 Bilder von 7 Kreuzungen untersucht, auf denen 23 „gute“, 11 „ausreichende“ sowie 7 „falsche“ Ergebnisse der Bildauswertung registriert wurden.

Für die Wahrnehmung der kreuzenden Fahrstreifen wurde eine entsprechende Validierung durchgeführt. Tabelle 5.2 zeigt eine detaillierte Auswertung für einige Bilder. Bild 5.2 zeigt beispielhaft die Bilder mit Nr. 5, 8 und 16. In Bild Nr. 5 wurde bereits die zweite kreuzende Fahrstreifenmarkierung nicht detektiert, was daran liegt, dass der getestete Suchbereich hauptsächlich in den nichtmarkierten

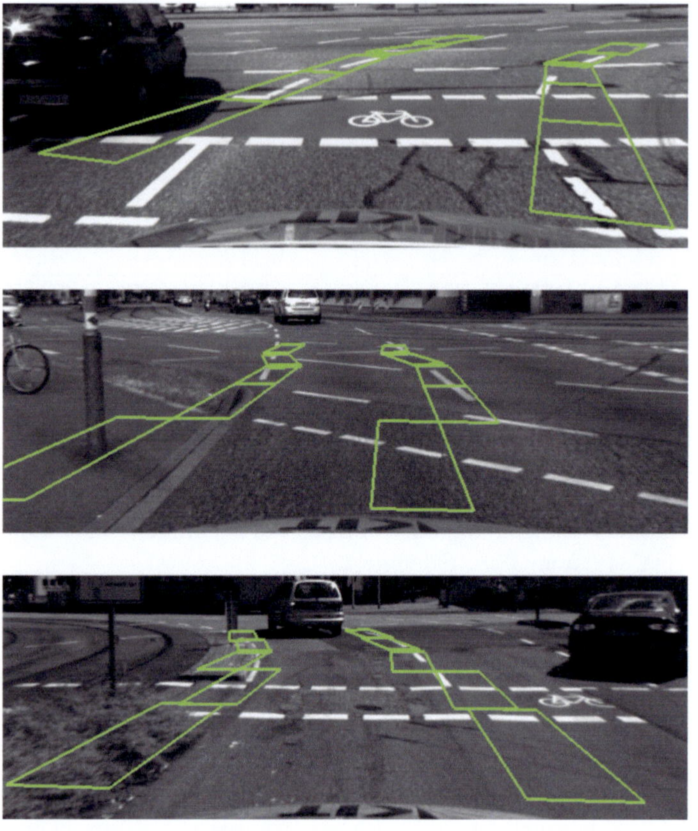

Bild 5.1: Beispielhafte Eingangsbilder Nr. 2, 3, und 12 aus Tabelle 5.1 sowie jeweils die wahrscheinlichste Hypothese $\arg\max P(\boldsymbol{X}_k = \mathbf{X}_k^i|\mathbf{Y}_k)$ für die Anwendung einer vollen Suche bei der Einzelbildauswertung bezüglich der eigenen Fahrstreifen.

Bereich fällt. Bild Nr. 8 dokumentiert die korrekte Ablehnung des Haltebalkens und die erfolgreiche Detektion kreuzender Markierungen in mittlerer Entfernung. Eine umfangreichere Validierung auf insgesamt 38 Bildern von 11 Kreuzungen ergibt 19 „gute“, 6 „ausreichende“ sowie 13 „falsche“ Ergebnisse der maschinellen Wahrnehmung.

Zusammenfassend lässt sich für die eigenen Fahrstreifen und die kreuzenden Fahrstreifen sagen, dass die Ergebnisse eine grundsätzliche Anwendbarkeit des vorgeschlagenen Verfahrens auf Kreuzungsszenarien belegen. Trotz der Komplexität

Nr.	t	Korrektheit	$\max_i P(\mathbf{x}_k^i\|\mathbf{y}_k)$	$H_\text{n}(P(\mathbf{x}_k^i\|\mathbf{y}_k))$
1	11:08:22,69	3	0,10	0,65
2	11:09:32,99	1	0,18	0,40
3	11:11:26,28	3	0,14	0,55
4	11:11:26,64	2	0,07	0,61
5	11:11:27,28	3	0,05	0,66
6	11:12:06,21	1	0,22	0,46
7	11:14:24,39	1	0,26	0,42
8	11:16:01,09	1	0,12	0,59
9	11:16:01,69	1	0,13	0,58
10	11:16:04,09	1	0,06	0,64
11	11:20:51,46	1	0,11	0,53
12	11:20:51,86	1	0,12	0,59
13	11:20:52,83	1	0,15	0,55
14	11:20:53,63	2	0,09	0,57
15	11:47:16,19	2	0,09	0,60
16	11:47:17,96	1	0,26	0,42
17	11:58:59,80	1	0,03	0,43

Tabelle 5.2: Wahrnehmung der kreuzenden Fahrstreifen auf Einzelbildern. $H_\text{n}(P(\mathbf{x}_k^i|\mathbf{y}_k))$ ist analog zu Gl. 3.16 definiert.

der Wahrnehmungsaufgabe werden in der überwiegenden Anzahl der Fälle „gute“ oder „ausreichende“ Interpretationen der Realität geleistet. Seltener werden „falsche“ Interpretationen geliefert.

Die Wahrscheinlichkeiten nehmen nur selten höhere Werte an. Das liegt zum einen an der hohen Anzahl der Hypothesen. Zum anderen fallen die Merkmalstests nicht vollständig eindeutig aus.

Unter Einbeziehung der Erkenntnisse aus diesem Abschnitt wird im nächsten Abschnitt die Bildauswertung anhand der effizienten Suche durchgeführt.

5.2 Anwendung des effizienten Verfahrens

Dieser Abschnitt wendet das effiziente Verfahren auf die Bildauswertung an. Zunächst werden die theoretischen Ausführungen aus Abschnitt 3.9 durch ein Experiment veranschaulicht. Darauf aufbauend wird untersucht, unter welchen Bedingungen das Verfahren einen Vorteil realisiert und wie groß dieser ausfällt.

Bild 5.2: Beispielhafte Eingangsbilder Nr. 5 ,8 und 16 aus Tabelle 5.2 sowie jeweils die wahrscheinlichste Hypothese $\arg\max P(\mathbf{x}_k = \mathbf{x}_k^i|\mathbf{y}_k)$ für die Anwendung einer vollen Suche bei der Einzelbildauswertung bezüglich der kreuzenden Fahrstreifen.

Das Verfahren wählt denjenigen Test aus, dessen erwarteter Informationsgewinn am größten ist, d. h. der wahrscheinlich zur größten Reduktion der Entropie der resultierenden Wahrscheinlichkeiten führt. Für den Fall, dass der tatsächlich realisierte Informationsgewinn wenigstens für die Mehrheit der vorgenommenen Tests den Erwartungen entspricht, fällt die Entropie mit der Anzahl der durchgeführten Tests. Bild 5.3 zeigt den Verlauf der normierten Entropie $H_{\mathrm{n}}(P(\mathbf{x}_k^i|\,_{\tau}\mathbb{t}))$ für die ersten Tests bei der Wahrnehmung der kreuzenden Fahrstreifen im Bild Nr. 16 aus Tabelle 5.2. Das entsprechende Eingangsbild ist das unterste aus Bild 5.2. Wie Tabelle 5.2 zu entnehmen ist, liefert die Wahrnehmung der kreuzenden Fahrstreifen für dieses Bild ein gutes Ergebnis. Bild 5.3 zeigt, dass bereits die ersten Segmenttests eine deutliche Reduktion der Entropie herbeiführen. Für die folgenden Tests fällt die Entropie deutlich schwächer und nähert sich schließlich ihrem Endwert an. Das effiziente Verfahren ist somit geeignet, die wesentliche Information in dem Beispielbild anhand weniger Tests zu erfassen.

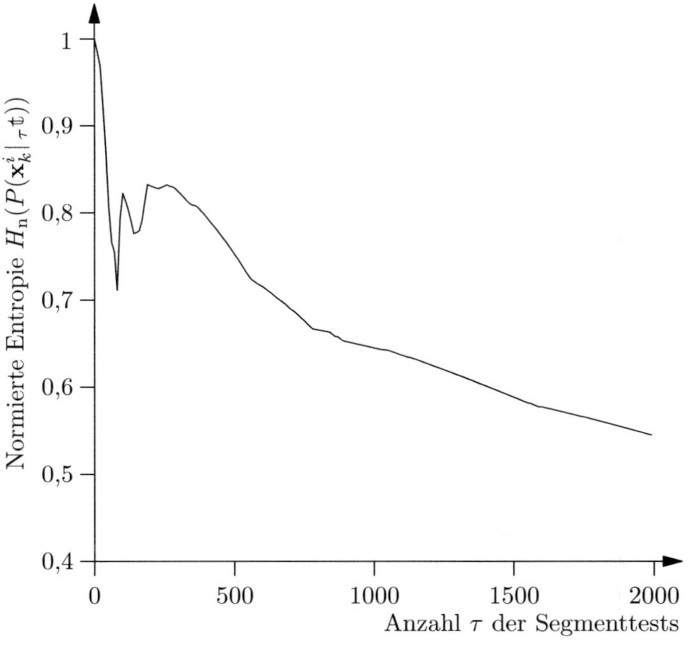

Bild 5.3: Beispielhafter Verlauf der Entropie $H_\mathrm{n}(P(\mathbf{x}_k^i|\,_\tau\mathbb{t}))$ für die ersten Segmenttests auf dem untersten der in Bild 5.2 dargestellten Eingangsbilder. Für die folgenden Tests fällt die Entropie deutlich schwächer.

Um die Untersuchung auf eine breitere Basis zu stellen, werden wiederum die bereits in Abschnitt 5.1 verwendeten Testsets mit 38 bzw. 41 Bildern von vielen verschiedenen Kreuzungen mit dem effizienten Verfahren ausgewertet, einmal bezüglich der kreuzenden Fahrstreifen und einmal bezüglich der eigenen Fahrstreifen. Die Bearbeitung mit dem effizienten Verfahren wurde als erfolgreich beendet betrachtet, sobald das Abbruchkriterium aus Abschnitt 3.9 erfüllt war, d. h. sobald die 10 wahrscheinlichsten Hypothesen in ihrer Rangfolge endgültig fest standen. Im Fokus der Untersuchung stand die Frage, in wievielen Fällen das effiziente Verfahren eine Beschleunigung der Verarbeitung bewirkt, und wie groß diese ausfällt. Für die Wahrnehmung der kreuzenden Fahrstreifen hat das effiziente Verfahren in 24 von 38 Fällen eine Beschleunigung erreicht. Die durchschnittliche Rechenzeitersparnis war 46% gegenüber der vollständigen Verarbeitung. Für die Wahrnehmung der eigenen Fahrstreifen hat das effiziente Verfahren für 27 von 41 Bildern eine Beschleunigung erreicht. Die durchschnittliche Rechenzeitersparnis war hier 86%.

Das Ergebnis dieses Abschnitts ist also, dass das effiziente Verfahren selbst für die vorliegende schwierige Wahrnehmungsaufgabe eine Beschleunigung erzielen kann. Das in Abschnitt 3.9 gefundene Abbruchkriterium läßt sich sinnvoll anwenden.

5.3 Wahrnehmung auf einer vollständigen Bildsequenz mit zeitlicher Verfolgung

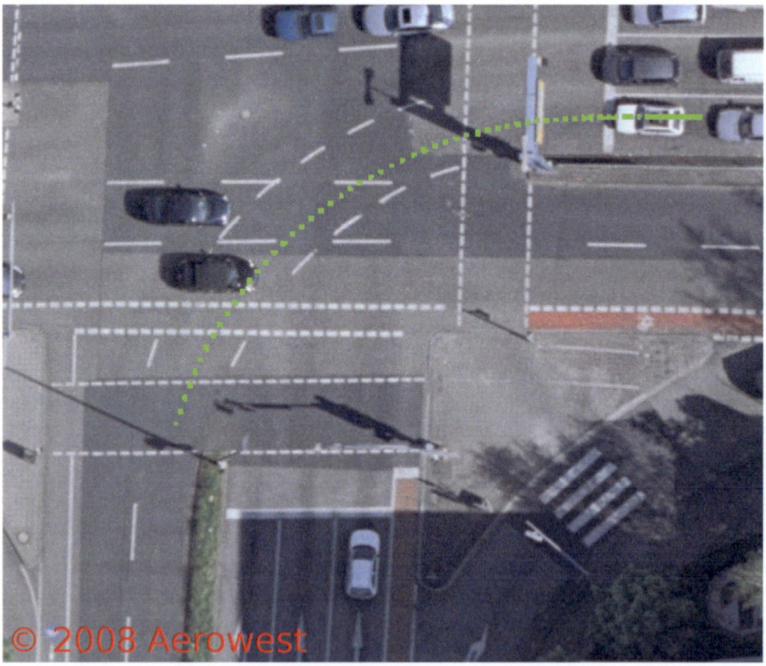

Bild 5.4: Luftbild der untersuchten Kreuzung. Die grünen Punkte geben die Fahrtrajektorie an.

Dieser Abschnitt demonstriert die Verarbeitung einer gesamten Bildsequenz mit der vollständigen Verarbeitung bei Anwendung von Bayes'scher zeitlicher Verfolgung. Um eine möglichst kompakte Form der Ergebnisrepräsentation zu erhalten, wird jeweils die wahrscheinlichste Hypothese der kreuzenden Fahrstreifen und der eigenen Fahrstreifen in eine Umgebungskarte eingetragen. Damit die Umgebungskarte nicht zu überladen wird, erfolgt die Ausgabe in die Umgebungskarte nur für jedes vierte Bild. Dadurch wird die Wahrnehmungsleistung auf vielen zusammenhängenden Bildern anschaulich dokumentiert. Bild 5.4 zeigt zunächst ein Luftbild der entsprechenden Kreuzung. Die grünen Punkte geben die Fahrtrajektorie an.

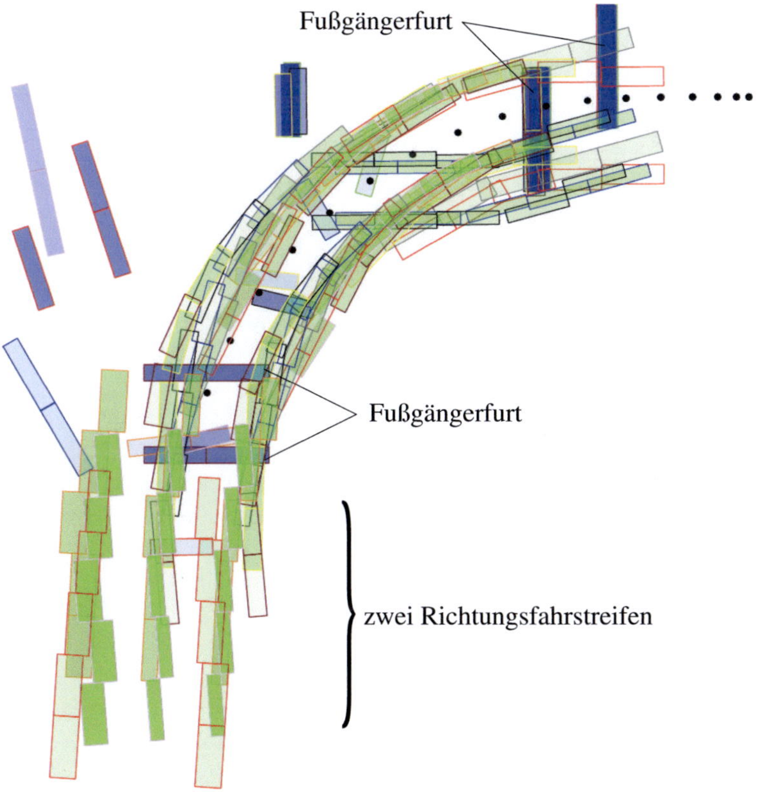

Bild 5.5: Von der maschinellen Wahrnehmung erstellte Umgebungskarte zu einer Bildsequenz, die die Überfahrt der in Bild 5.4 dargestellten Kreuzung zeigt.

Die durch die maschinelle Wahrnehmung erstellte Umgebungskarte ist in Bild 5.5 visualisiert. Die einzelnen Hypothesen werden durch ihre Suchbereiche dargestellt. Hypothesen der eigenen Fahrstreifen sind grün eingetragen. Kreuzende Fahrstreifen sind blau eingetragen. Die Transparenz gibt die Wahrscheinlichkeit an, die der entsprechenden Hypothese zugewiesen ist. Es ist gut zu erkennen, wie der eigene Abbiegerfahrstreifen sowie die kreuzenden Fußgängerfurte wahrgenommen wurden. Damit sind wesentliche relevante Teile der Kreuzung erfolgreich wahrgenommen worden. Einige wenige Fehldetektionen sind zu erkennen. Die Fehldetektion eines kreuzenden Fahrstreifens in der Mitte der Kreuzung rührt daher, dass dieser Bereich heller ist als die Umgebung, wie auch in Bild 5.4 zu erkennen ist. Aus der Perspektive des Fahrzeugs wird dieser Bereich zu einem horizontal verlaufenden schmalen hellen Streifen und wird daher als kreuzende Markierung erkannt.

Abschließend wird untersucht, inwieweit die Approximation einer Bayes'schen zeitlichen Verfolgung aus Abschnitt 3.8 die Schätzung stabilisiert. Dazu ist in Bild 5.6 die maximale Wahrscheinlichkeit der eigenen Fahrstreifen über der Bildnummer für dieselbe Bildsequenz, d. h. die Fahrt über die in Bild 5.4 gezeigte Kreuzung, illustriert. Der blaue Graph kennzeichnet den Verlauf der maximalen Wahrscheinlichkeit bei Anwendung von zeitlicher Verfolgung. Der schwarze Graph gibt den Verlauf der maximalen Wahrscheinlichkeit für eine Einzelbildauswertung an. Es ist eindeutig zu erkennen, dass die Approximation der Bayes'schen zeitlichen Verfolgung die Schätzung über den Großteil der Bildsequenz wesentlich verbessert.

In diesem Kapitel ist das Verfahren zur Wahrnehmung der Fahrstreifen der eigenen und kreuzenden Fahrtrichtung in seiner Gesamtheit unter verschiedenen Gesichtspunkten anhand praktischer Tests evaluiert worden. Es wurde die Anwendung auf einzelne Bilder, die Anwendung des effizienten Verfahrens auf einzelne Bilder, und eine Auswertung auf eine vollständige Bildsequenz vorgenommen. Mit der Anwendung auf eine vollständige Bildsequenz gelang die gleichzeitige Wahrnehmung mehrerer markierter Fahrstreifen verschiedener Fahrtrichtungen auf einer innerstädtischen Kreuzung. Die praktischen Ergebnisse bestätigen darüberhinaus auf anschauliche Weise die theoretischen Ausführungen der vorangegangenen Kapitel. Das nächste Kapitel gibt eine Zusammenfassung der Arbeit und schließt mit einem Ausblick ab.

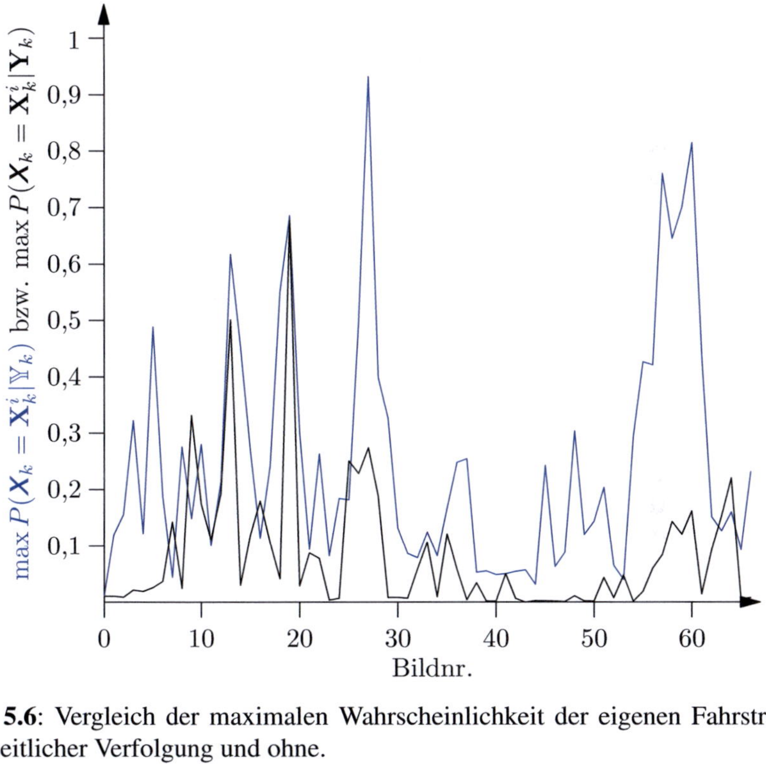

Bild 5.6: Vergleich der maximalen Wahrscheinlichkeit der eigenen Fahrstreifen mit zeitlicher Verfolgung und ohne.

6 Zusammenfassung und Ausblick

Die vorliegende Arbeit hat eine Lösung zur videobasierten Wahrnehmung innerstädtischer markierter Kreuzungen entwickelt. Kapitel 1 gab eine Motivation und Einführung in die Wahrnehmungsaufgabe. Kapitel 2 hat den Stand der Forschung zur Wahrnehmung markierter Autobahnen und Kreuzungen diskutiert. Kapitel 3 hat zunächst in Abschnitt 3.1 eine detaillierte Analyse der Herausforderungen durchgeführt und basierend darauf eine Lösungsstrategie motiviert. Abschnitte 3.3 und 3.6 besprachen die Repräsentation von Kreuzungsgeometrien mit einem lokalen, flexiblen Modell. Dazu wurde die Repräsentation der Fahrstreifen durch eine Verkettung mehrerer atomarer Segmente und die Organisation der dabei entstehenden Hypothesen entsprechend [Geman u. Jedynak 1996; Dang u. a. 2006] auf die komplexere Wahrnehmung markierter Kreuzungen übertragen. Die sich dabei ergebenden besonderen Herausforderungen wurden durch eine konsequente Analyse der notwendigen Suchbereichsbreite (vergl. S. 26) und der zu erwartenden Orientierungsabweichungen (vergl. S. 27) gelöst. Die gefundene Repräsentation wurde unmittelbar in den Abschnitten 3.4 und 3.7 durch eine fokussierte Evaluation an realen Kreuzungsgeometrien validiert. Abschnitt 3.8 diskutierte die Bayes'sche zeitliche Verfolgung sowie die dazu notwendigen theoretischen Bausteine. Dabei gelang es, ein Distanzmaß zu entwickeln, das die Vorwärtsbewegung des Fahrzeugs zwischen verschiedenen Zeitpunkten beim Vergleich zweier Hypothesen der eigenen Fahrstreifen ignoriert. Abschnitt 3.9 bereitete die Anwendung eines effizienten Auswerteverfahrens auf die konkrete Wahrnehmungsaufgabe vor. Dabei gelang die Entwicklung eines neuen Abbruchkriteriums für das effiziente Verfahren. Kapitel 4 entwickelte eine Methode zur Untersuchung von beliebig positionierten Suchbereichen auf die Präsenz von Markierungen. Dabei gelang es, auf die Korrelation mit Signalmustern entlang der exakten Richtung zu verzichten und diese Verarbeitung durch zwei ausgewählte Korrelationsrichtungen zu approximieren, was eine wesentliche Rechenzeitersparnis bedeutet. Durch die weitere Verarbeitung entsprechend Abschnitte 4.3 und 4.4 wird eine weitgehend ganzheitliche Betrachtung der vorliegenden Videodaten mit relativ geringem Rechenaufwand bewerkstelligt. Dementsprechend gelang in Abschnitt 4.6 der Nachweis der Leistungsfähigkeit des entwickelten Detektors. Kapitel 5 validierte das entwickelte Gesamtverfahren in umfangreichen Experimenten an Videodaten von bis zu 11 Kreuzungen. Damit hat diese Arbeit erstmalig die gleichzeitige Wahrnehmung mehrerer wesentlicher Elemente von markierten Kreuzungen so bewerkstelligt, dass eine zeitliche Verfolgung theoretisch sinnvoll umsetzbar und praktisch erfolgreich war.

Zu dem entwickelten Verfahren bieten sich die im Folgenden diskutierten Erweiterungsmöglichkeiten an.

Das entwickelte Verfahren ordnet den Hypothesen $\mathbb{X}$ der eigenen Fahrstreifen die Wahrscheinlichkeiten $P(\boldsymbol{X}_k = \mathbf{X}_k^i|\mathbb{Y}_k)$ zu. Den Hypothesen $\mathbb{x}$ zu den kreuzenden Fahrstreifen werden ebenfalls Wahrscheinlichkeiten $P(\boldsymbol{x}_k = \mathbf{x}_k^i|\mathbb{y}_k)$ zugeordnet. In Bild 5.5 wurde beispielhaft die jeweils wahrscheinlichste Hypothese wiedergegeben. Die wahrscheinlichste Hypothese alleine reicht für eine vollständige Beschreibung einer Kreuzung jedoch nicht aus. Für eine beispielhafte Diskussion wird im Folgenden die Kreuzung der „Durlacher Allee“ mit dem „Ostring“ in Karlsruhe betrachtet, deren Luftbild in Bild 6.1 veranschaulicht ist. Der „Ostring“ kommt mit vier einzelnen Fahrstreifen aus südwestlicher Richtung. Zwei der Fahrstreifen biegen nach rechts ab, während die zwei anderen Fahrstreifen geradeaus über die Kreuzung verlaufen. Sowohl geradeaus führende als auch abbiegende Fahrstreifen werden durch die entwickelte Modellierung beschrieben. Da sie jedoch als Alternativen modelliert werden, können sie nicht gleichzeitig durch die wahrscheinlichste Hypothese beschrieben werden. Daraus folgt, dass dem entwickelten Verfahren ein Schritt fehlt, der aufbauend auf den berechneten Wahrscheinlichkeiten eine abschließende Interpretation durchführt.

Kreuzende und eigene Fahrstreifen werden getrennt voneinander betrachtet. Es wäre jedoch sinnvoll, die Wechselwirkungen zwischen diesen zu berücksichtigen. Beispielsweise sind Fahrzeugfahrstreifen im Bereich einer Fußgängerfurt üblicherweise nicht markiert. Es wurde nicht untersucht, ob die Information einer detektierten kreuzenden Markierung theoretisch sinnvoll in die Wahrnehmung der Fahrstreifen der eigenen Fahrtrichtung eingebracht werden kann. Dabei wäre zu berücksichtigen, dass kreuzende Fahrzeugfahrstreifen und eigene Fahrzeugfahrstreifen wiederum gemeinsam auftreten können, im Gegensatz zur Fußgängerfurt.

Die Bildsignale stellen die Hauptinformationsquelle für das Verfahren dar. Entsprechend Abschnitt 1.2 wurde das Verfahren so konzipiert, dass es ohne die Verwendung einer digitalen Karte funktioniert. Grundsätzlich ist es jedoch möglich, die Informationen einer digitalen Karte in die Auswertung zu integrieren. Dazu würden die Informationen der digitalen Karte zunächst unter Verwendung einer entsprechenden Ontologie aufbereitet. Aus den aufbereiteten Informationen lassen sich modifizierte *a priori*-Wahrscheinlichkeiten für den nächsten Schritt der Wahrnehmung ableiten. Beispielweise könnte das Ergebnis der Verarbeitung mit der Ontologie sein, dass wahrscheinlich eine Straße mit einem Fahrstreifen in jeder Richtung vorliegt. Dann würden die Wahrscheinlichkeiten für die Segmente mit der Konfiguration FFN entsprechend angehoben werden. Weitere Informati-

Bild 6.1: Luftbild von der Kreuzung aus „Durlacher Allee“ und „Ostring“.

onsquellen ließen sich auf ähnliche Weise berücksichtigen. Für den Fall, dass eine Software zur Verfügung stünde, die die Trajektorien der anderen motorisierten Verkehrsteilnehmer detektiert, könnten aus den entsprechenden Bewegungsmuster höhere Wahrscheinlichkeiten für entsprechende Fahrstreifenhypothesen resultieren.

Literaturverzeichnis

Aly 2008
ALY, M.: Real time detection of lane markers in urban streets. In: *IEEE Intelligent Vehicles Symposium*, 2008, S. 7–12

Apostoloff u. Zelinsky 2003
APOSTOLOFF, N. ; ZELINSKY, A.: Robust vision based lane tracking using multiple cues and particle filtering. In: *IEEE Intelligent Vehicles Symposium*, 2003, S. 558–563

Barker u. a. 1995
BARKER, A. L. ; BROWN, D. E. ; MARTIN, W. N.: Bayesian estimation and the Kalman filter. In: *Computers & Mathematics with Applications* 30 (1995), Nr. 10, S. 55 – 77

Beitz u. Grote 1997
BEITZ, W. ; GROTE, K.-H.: *Dubbel Taschenbuch für den Maschinenbau*. 19. Aufl. Springer, 1997

Bertozzi u. Broggi 1998
BERTOZZI, M. ; BROGGI, A.: GOLD: a parallel real-time stereo vision system for generic obstacle and lane detection. In: *IEEE Transactions on Image Processing* 7 (1998), Jan., Nr. 1, S. 62–81

Bresenham 1965
BRESENHAM, J. E.: Algorithm for computer control of a digital plotter. In: *IBM Systems Journal* 4 (1965), Nr. 1, S. 25 – 30

Broggi 1995
BROGGI, A.: Robust real-time lane and road detection in critical shadow conditions. In: *International Symposium on Computer Vision*, 1995, S. 353–358

Cech 2009
CECH, M.: *Fahrspurschätzung aus monokularen Bildfolgen für innerstädtische Fahrerassistenzanwendungen*. Universitätsverlag, 2009 (Schriftenreihe / Institut für Mess- und Regelungstechnik, Universität Karlsruhe (TH) ; 013)

Dang u. a. 2006
DANG, T. ; KAMMEL, S. ; DUCHOW, C. ; HUMMEL, B. ; STILLER, C.: Path Planning for Autonomous Driving Based on Stereoscopic and Monoscopic Vision Cues. In: *IEEE International Conference on Multisensor Fusion and Integration for Intelligent Systems* (2006), Sept., S. 191–196

Dickmanns u. Mysliwetz 1992
DICKMANNS, E.D. ; MYSLIWETZ, B.D.: Recursive 3-D road and relative ego-state recognition. In: *IEEE Transactions on Pattern Analysis and Machine Intelligence* 14 (1992), Feb., Nr. 2, S. 199–213

Duchow 2005
DUCHOW, C.: A marking-based, flexible approach to intersection detection. In: *IEEE Computer Society Conference on Computer Vision and Pattern Recognition - Workshops*, 2005, S. 60–60

Duchow 2006
DUCHOW, C.: A novel, signal model based approach to lane detection for use in intersection assistance. In: *IEEE Intelligent Transportation Systems Conference*, 2006, S. 1162–1167

Enkelmann 1996
ENKELMANN, W.: *Entwicklung von Systemen zur Interpretation von Straßenverkehrsszenen durch Bildfolgenauswertung*. 1996

Enkelmann u. a. 1995
ENKELMANN, W. ; STRUCK, G. ; GEISLER, J.: ROMA - a system for model-based analysis of road markings. In: *IEEE Intelligent Vehicles Symposium*, 1995, S. 356–360

Fawcett 2006
FAWCETT, T.: An introduction to ROC analysis. In: *Pattern Recognition Letters* 27 (2006), Nr. 8, S. 861 – 874

Fuerstenberg 2005
FUERSTENBERG, K.Ch.: A new European approach for intersection safety - the EC-Project INTERSAFE. In: *IEEE Intelligent Transportation Systems Conference*, 2005, S. 432–436

Geman u. Jedynak 1996
GEMAN, D. ; JEDYNAK, B.: An active testing model for tracking roads in satellite images. In: *IEEE Transactions on Pattern Analysis and Machine Intelligence* 18 (1996), Jan., Nr. 1, S. 1–14

Gregor u. a. 2002
GREGOR, R. ; LUTZELER, M. ; PELLKOFER, M. ; SIEDERSBERGER, K.-H. ; DICKMANNS, E.D.: EMS-Vision: a perceptual system for autonomous vehicles. In: *IEEE Transactions on Intelligent Transportation Systems* 3 (2002), März, Nr. 1, S. 48–59

Heimes 2000
HEIMES, F.: *Sichtsystemgestützte Fahrerassistenz im innerstädtischen Straßenverkehr*. Akad. Verl.-Ges. Aka, 2000

Huang u. a. 2009
HUANG, Albert S. ; MOORE, David ; ANTONE, Matthew E. ; OLSON, Edwin ; TELLER, Seth J.: Finding multiple lanes in urban road networks with vision and lidar. In: *Auton. Robots* 26 (2009), Nr. 2-3, S. 103–122

Hummel 2009
HUMMEL, B.: *Description Logic for Scene Understanding at the Example of Urban Road Intersections*. Institut für Mess- und Regelungstechnik, 2009

Kluge u. Thorpe 1995
KLUGE, K. ; THORPE, C.: The YARF system for vision-based road following. In: *Mathematical and Computer Modelling* 22 (1995), Nr. 4-7, S. 213 – 233

Kreucher u. Lakshmanan 1999
KREUCHER, C. ; LAKSHMANAN, S.: LANA: a lane extraction algorithm that uses frequency domain features. In: *IEEE Transactions on Robotics and Automation* 15 (1999), April, Nr. 2, S. 343–350

Krystek 2004
KRYSTEK, M.: Ausgleichsgeraden in der Ebene. In: *Technisches Messen* 71 (2004), Nr. 1, S. 19 – 23

Labayrade u. a. 2006
LABAYRADE, R. ; DOURET, J. ; AUBERT, D.: A multi-model lane detector that handles road singularities. In: *IEEE Intelligent Transportation Systems Conference*, 2006, S. 1143–1148

McCall u. a. 2007
MCCALL, J.C. ; WIPF, D.P. ; TRIVEDI, M.M. ; RAO, B.D.: Lane Change Intent Analysis Using Robust Operators and Sparse Bayesian Learning. In: *IEEE Transactions on Intelligent Transportation Systems* 8 (2007), Sept., Nr. 3, S. 431–440

Nedevschi u. a. 2004
NEDEVSCHI, S. ; SCHMIDT, R. ; GRAF, T. ; DANESCU, R. ; FRENTIU, D. ; MARITA, T. ; ONIGA, F. ; POCOL, C.: 3D lane detection system based on stereovision. In: *International IEEE Conference on Intelligent Transportation Systems*, 2004, S. 161–166

Neumaier u. Färber 2007
NEUMAIER, S. ; FÄRBER, G.: Videobasierte 4D-Umfelderfassung für erweiterte Assistenzfunktionen. In: *it - Information Technology* 49 (2007), Feb., Nr. 1, S. 33–39

Pearl 1988
PEARL, Judea: *Probabilistic Reasoning in Intelligent Systems: Networks of Plausible Inference*. San Francisco, CA, USA : Morgan Kaufmann Publishers Inc., 1988

Piazzi u. a. 2002
PIAZZI, A. ; LO BIANCO, C.G. ; BERTOZZI, M. ; FASCIOLI, A. ; BROGGI, A.: Quintic G2-splines for the iterative steering of vision-based autonomous vehicles. In: *IEEE Transactions on Intelligent Transportation Systems* 3 (2002), März, Nr. 1, S. 27–36

Pomerleau 1995
POMERLEAU, D.: RALPH: rapidly adapting lateral position handler. In: *IEEE Intelligent Vehicles Symposium*, 1995, S. 506–511

Rabiner 1989
RABINER, L.R.: A tutorial on hidden Markov models and selected applications in speech recognition. In: *Proceedings of the IEEE* 77 (1989), Feb., Nr. 2, S. 257–286

Rinne 2008
RINNE, Horst: *Taschenbuch der Statistik*. Frankfurt am Main : Deutsch, 2008

Rousseeuw u. Leroy 1987
ROUSSEEUW, Peter J. ; LEROY, Annick M.: *Robust regression and outlier detection*. Wiley, 1987

Schulze 2007
SCHULZE, P. M.: *Beschreibende Statistik*. 6., korrigierte und aktualisierte Aufl. München : Oldenbourg, 2007 (Lehrbuch)

Strutz 2005
STRUTZ, Tilo: *Bilddatenkompression : Grundlagen, Codierung, Wavelets,*

JPEG, MPEG, H.264. 3., aktualisierte und erw. Aufl. Wiesbaden : Vieweg, 2005 (Vieweg Praxiswissen)

Taylor u. a. 1996
TAYLOR, C.J. ; MALIK, J. ; WEBER, J.: A real-time approach to stereopsis and lane-finding. In: *IEEE Intelligent Vehicles Symposium*, 1996, S. 207–212

Viterbi 1967
VITERBI, A.: Error bounds for convolutional codes and an asymptotically optimum decoding algorithm. In: *Information Theory, IEEE Transactions on* 13 (1967), apr, Nr. 2, S. 260 – 269

Zhang 1994
ZHANG, Jinyou: *Bereichsbasierte Verfahren zur Straßenerkennung für die autonome Führung von Fahrzeugen*. VDI-Verl., 1994

Zhang 1997
ZHANG, Z.: Parameter estimation techniques: a tutorial with application to conic fitting. In: *Image and Vision Computing* 15 (1997), S. 59–76